Hans Schäfer

**Astronomische Probleme
und ihre physikalischen Grundlagen**

Astronomie

Die Planeten, von H. Köhler

Der Mars, von H. Köhler

Sternbilderkunde, von G. M. Fasching

Elektromagnetische Strahlung
– Informationen aus dem Weltall,
von H. Schäfer

Weiße Zwerge – Schwarze Löcher,
von R. U. Sexl und H. Sexl

Aus der Reihe „Spektrum der Astronomie":

Sterne und Sternhaufen,
von C. Payne-Gaposchkin

Sterne. Aufbau und Entwicklung,
von R. J. Tayler

Galaxien. Aufbau und Entwicklung,
von R. J. Tayler

Interstellare Materie,
von H. Scheffler

Vieweg

Hans Schäfer

Astronomische Probleme und ihre physikalischen Grundlagen

Eine Auswahl für Unterricht und Selbststudium

3., überarbeitete Auflage

Mit 53 Bildern, 48 Tabellen
und 79 Aufgaben mit Lösungen

Friedr. Vieweg & Sohn   Braunschweig / Wiesbaden

Die 3. Auflage wurde von *Hans-Gerd Schäfer* überarbeitet.

Das Umschlagsbild zeigt den Trifid-Nebel (Aufnahme: *K. Birkle*, 2,2-m-Teleskop der Calar Alto Sternwarte des Max-Planck-Instituts für Astronomie, Heidelberg).

1. Auflage 1978
2., verbesserte Auflage 1980
3., überarbeitete Auflage 1988

Der Verlag Vieweg ist ein Unternehmen der Verlagsgruppe Bertelsmann.

Satz: Vieweg
Druck und buchbinderische Verarbeitung: W. Langelüddecke, Braunschweig
Printed in Germany

ISBN 3-528-28407-2

Vorwort zur 1. Auflage

Dieses Buch ist aus dem Wunsch entstanden, der Astronomie einen stärkeren Eingang in den Unterricht zu verschaffen und allen Interessenten einen leichteren Zugang zu astronomischen Problemen. Auch ohne Studium der Astronomie oder astronomischer Literatur ist es möglich, sich mit astronomischen Problemen zu beschäftigen, wenn die physikalischen Kenntnisse vorhanden sind. Das Buch kann nicht nur in Schulen oder anderen Gemeinschaften, wie z.B. Arbeitskreisen in Volkssternwarten, sondern auch zur Eigenbeschäftigung benutzt werden. Ich hoffe, daß es viele zum vertieften Studium der Astronomie anregt. Bei den besprochenen Problemen handelt es sich natürlich um eine sehr enge und dazu noch subjektive Auswahl. Für Anregungen und Verbesserungsvorschläge bin ich sehr dankbar.

Dem Verlag danke ich für die ausgezeichnete Zusammenarbeit.

Remscheid, Mai 1978 *Hans Schäfer*

Vorwort zur 2. Auflage

Erfreulicherweise ist schon nach zwei Jahren eine neue Auflage der ,,Astronomischen Probleme" möglich geworden. Das gibt mir die Gelegenheit, einige Fehler zu verbessern und neueste Erkenntnisse über Venus, Jupiter, Saturn und Uranus, sowie den Jupitermond Io mitzuteilen.

Ich danke allen Lesern für ihr Interesse und hoffe, daß ihnen einige der behandelten Probleme Freude bereitet haben. Vor allem danke ich den Lesern, die sich die Mühe gemacht haben, alle Fehler, die sie bei einer sorgfältigen Durcharbeitung meines Buches gefunden haben, zu notieren und mir mitzuteilen. Sie haben es mir ermöglicht, eine, wie ich hoffe, weitgehend fehlerfreie zweite Auflage vorzubereiten.

Das Interesse an Astronomie und die Beschäftigung mit dieser Wissenschaft nehmen zu. Es ist aber nicht zu verkennen, daß alle Bemühungen um die Verbreitung notwendiger Informationen noch am Anfang stehen. Es wäre eine sehr große Freude für mich, wenn mein Beitrag ein klein wenig helfen würde, den Kreis der Interessenten zu vergrößern.

April 1980 *Hans Schäfer*

Vorwort zur 3. Auflage

Wie in allen anderen naturwissenschaftlichen Gebieten wächst auch in der Astronomie der Wissensstand sehr rasch und beträchtlich. Die Raumsonde Voyager 2 hat seit dem Erscheinen der 2. Auflage dieses Buches Saturn und Uranus passiert, der Komet Halley wurde 1986 intensiv beobachtet, mehrere Satelliten, die auch außerhalb des sichtbaren Spektrums Strahlung empfangen, wurden in Erdumlaufbahnen geschossen, die Meßtechniken sind verfeinert, und die Benutzung von Computern ermöglicht bessere Auswertung der Daten sowie das Durchrechnen von komplexen Modellvorstellungen.

So erschien ein unveränderter Nachdruck der 2. Auflage nach sieben Jahren nicht mehr sinnvoll. Ich danke dem Verlag, daß er es mir ermöglicht hat, das Buch meines 1985 verstorbenen Vaters zu überarbeiten, um neue astronomische Kenntnisse aufzunehmen. Der Aufbau blieb selbstverständlich erhalten, und das Konzept, Zugang zur Astronomie durch die Anwendung physikalischen Grundwissens zu finden, stand auch für mich im Vordergrund.

Freiburg, im Juli 1987   *Hans-Gerd Schäfer*

Inhaltsverzeichnis

Einleitung 1

1 Kepler-Gesetze und Gravitationsgesetz 4
  1.1 Notwendige Kenntnisse aus der Physik 4
    1.1.1 Zentrifugalkraft 4
    1.1.2 Kepler-Gesetze 4
    1.1.3 Gravitationsgesetz 4
  1.2 Astronomische Probleme 4
    1.2.1 Einige Betrachtungen zur Bewegung unseres Mondes, Siderische und
        synodische Umlaufzeit und die beiden ersten Kepler-Gesetze 4
    1.2.2 Die Bahnen der Planeten 8
    1.2.3 Zum 3. Kepler-Gesetz; das Gravitationsgesetz; Bestimmung von
        Entfernungen und Massen im Planetensystem 14
    1.2.4 Störungsrechnung 21
    1.2.5 Gezeiten 24
    1.2.6 Die Ringe des Saturns 31
    1.2.7 Doppelsterne − Massenbestimmung von Sternen 39
    1.2.8 Die Masse der Milchstraße (Galaxis) 42
    1.2.9 Die Dichte einiger Himmelskörper 43

2 Potentielle Energie und Drehimpuls 47
  2.1 Notwendige Kenntnisse aus der Physik; Übersicht 47
    2.1.1 Potentielle Energie im Gravitationsfeld 47
    2.1.2 Drehimpuls, Drehmoment und Trägheitsmoment 49
  2.2 Astronomische Probleme 50
    2.2.1 Virialsatz, Kreisbahngeschwindigkeit und parabolische
        Geschwindigkeit 50
    2.2.2 Gravitationsenergie einer Gaskugel; Kontraktion der Sonne;
        Helmholtz-Kelvinsche Zeitskala 52
    2.2.3 Die Verteilung des Drehimpulses im Planetensystem 55
    2.2.4 Die Erhaltung des Drehimpulses und das zweite Kepler-Gesetz 58
    2.2.5 Das System Erde-Mond und die Erhaltung des Drehimpulses 60

3 Allgemeine Gasgleichung, Kinetische Gastheorie,
Strahlungsgesetze 64
  3.1 Notwendige Kenntnisse aus der Physik 64
    3.1.1 Allgemeine Gasgleichung und kinetische Gastheorie 64
    3.1.2 Strahlungsgesetze 64

3.2 Astronomische Probleme   65
    3.2.1 Temperatur und Leuchtkraft der Sonne und der Sterne   65
    3.2.2 Leuchtkraft der Sterne; scheinbare und absolute Helligkeit   68
    3.2.3 Farbindizes   72
    3.2.4 Das Hertzsprung-Russel- und das Farben-Helligkeitsdiagramm;
          das Zustandsdiagramm   74
    3.2.5 Temperaturen von Planeten und Monden   81
    3.2.6 Atmosphären von Planeten und Monden   82

4 Linienspektren, Dopplereffekt   87
    4.1 Notwendige Kenntnisse aus der Physik   87
        4.1.1 Linien- (und Banden-)Spektren   87
        4.1.2 Doppler-Effekt   88
    4.2 Astronomische Probleme   89
        4.2.1 Qualitative Spektralanalyse   89
        4.2.2 Einige Bemerkungen zur quantitativen Spektralanalyse   92
        4.2.3 Die Balmerserie in Absorption   93
        4.2.4 Aufnahmen der Sonne im Licht einzelner Linien; Aufnahmen im
              Licht aus der Mitte oder den Flügeln einzelner Linien   95
        4.2.5 Interstellarer Raum: das Leuchten der Emissionsnebel – verbotene
              Linien – die 21 cm-Linie – Moleküle im interstellaren Raum   97
        4.2.6 Der Doppler-Effekt 103

5 Kernphysik 113
    5.1 Notwendige Kenntnisse aus der Physik 113
        5.1.1 Aufbau der Atomkerne 113
        5.1.2 Coulombsches Potential, Tunneleffekt 114
    5.2 Astronomische Probleme 115
        5.2.1 Gravitationsinstabilität in interstellaren Wolken
              – Kontraktion – Entstehung von Sternen 115
        5.2.2 Thermonukleare Reaktionen in Sternen auf der Hauptreihe 117
        5.2.3 Kernprozesse in Sternen außerhalb der Hauptreihe 120
        5.2.4 Endstadien der Sterne: Weiße Zwerge, Neutronensterne,
              Schwarze Löcher 122

Anhang 130
A.1 Erläuterung einiger Begriffe 130
A.2 Die wichtigsten Gesetzmäßigkeiten und Besonderheiten des
     Planetensystems, die wichtigsten Zustandsgrößen der Sterne 135
A.3 Lösungen der Aufgaben 140

Literaturverzeichnis 145

Sachwortverzeichnis 147

Verzeichnis der Himmelsobjekte 153

Namenverzeichnis 155

Einleitung

Astronomie ist nicht nur die älteste Wissenschaft, sie ist auch eine der faszinierendsten Wissenschaften. *Physik* ist eine sehr alte Wissenschaft, wenn in früher Zeit auch nicht immer die Methoden benutzt wurden, die wir heute als wissenschaftlich bezeichnen. Mindestens seit der Entdeckung des Gravitationsgesetzes sind Astronomie und Physik unlösbar miteinander verbunden.

Astrophysik ist heute das umfangreichste Teilgebiet der Astronomie. Das zeigt schon ein kurzer Blick in ein Lehrbuch der Astronomie oder ein umfangreicheres Tabellenwerk. Es gibt heute wohl kaum ein Gebiet der Physik, das nicht unmittelbaren oder mittelbaren Einfluß auf die astronomische Forschung hat. Die Astronomie „bedankt" sich dafür durch Anregungen und die Klärung vieler Fragen, die in irdischen Laboratorien nicht bearbeitet werden können.

Nur skizzenhaft sollen einige Querverbindungen zwischen Astronomie und Physik aufgezeigt werden.

1800 entdeckte *W. Herschel* den infraroten Teil des Spektrums, als er mit einem Thermometer das Sonnenspektrum und die angrenzenden Bereiche untersuchte. 1859 schufen *Bunsen* und *Kirchhoff* die Grundlagen der Spektralanalyse, ohne die die Astronomie im wesentlichen *Positionsastronomie* geblieben wäre. Die Fotografie, die bald nach ihrer Erfindung in die astronomische Forschung eingeführt wurde, dient der gesamten Astronomie, also sowohl der *Astrometrie* als auch der *Astrophysik*. Fast jede neue Entdeckung in der Physik wirkt sich in irgendeiner Weise auf die astronomische Forschung aus und sei es auch nur bei der Verbesserung der Geräte und Meßmethoden.

Neue Bereiche der Physik führen zu neuen Gebieten in der Astronomie. Heute gibt es eine „*Radioastronomie*", eine „*Infrarotastronomie*", eine „*Röntgenastronomie*" und eine „*γ-Strahlen-Astronomie*". Ja man spricht schon von einer „*Neutrinoastronomie*"! Ohne die weitreichenden Erkenntnisse der Kernphysiker wäre noch keine Seite des reizvollen Kapitels über das Werden und Vergehen von Sternen geschrieben.

Wer die immer stärker werdenden Wechselwirkungen und Verpflechtungen zwischen fast allen Wissenschaften verfolgt, wird nicht überrascht sein, daß auch die Astronomie der Physik etwas zu bieten hat. Die Astronomen erforschen z. B. die *Häufigkeitsverteilung der Elemente im Kosmos* und stellen die Frage nach der *Entstehung der Elemente*. Sie haben schon wichtige Ansätze zur Beantwortung dieser Fragen gefunden. Die Astronomen finden bei ihren Untersuchungen extreme Bedingungen, die kein Physiker in einem irdischen Laboratorium nachahmen kann: Dichten von etwa 1 Atom je cm^3 im interstellaren Raum, bis zu 10^8 Tonnen je cm^3 in Neutronensternen, Temperaturen bis zu einigen 10^9 K, Magnetfelder von $10^{-10} \ldots 10^8$ Tesla und vieles mehr und das alles in z. T. unvorstellbar großen Räumen. So ist es kein Wunder, daß die Astronomen einiges gefunden haben und sicher noch finden werden, was die Physiker bei ihren Experimenten nicht finden können. Es sei nur an die *verbotenen Spektrallinien* erinnert, die einzig unter astronomischen Bedingungen entstehen können und die man eine Zeitlang bisher unbekannten Elementen

„Coronium" und „Nebulium" zuschrieb. Später fanden Theoretiker, daß es sich um verbotene Linien von doppelt ionisiertem Sauerstoff und hochionisiertem Eisen handelt. Die Physiker studieren mit großem Aufwand die Eigenschaften und das Verhalten des Plasmas. Der Astronom hat es in den weitaus meisten Fällen seiner Beobachtungen und Überlegungen mit *Materie im Plasmazustand* zu tun. Er kann dem Physiker sicher wichtige Hinweise geben. Die Beispiele ließen sich noch weiter vermehren.

Die Astronomie ist nicht nur eine bedeutende Wissenschaft. Sie stößt auch bei sehr vielen Menschen auf großes Interesse. Desto verwunderlicher ist es, daß im Unterricht aller Schulen Astronomie ein ausgesprochenes Stiefkind ist. Gewiß versucht man heute von vielen Seiten, der Astronomie Eingang in den Unterricht zu verschaffen. Das stößt aber auf einige Schwierigkeiten.

Man könnte z. B. daran denken, Astronomie als Fach wie Physik, Biologie oder andere für einen oder einige Jahrgänge einzuführen. Will man aber nicht nur plaudern, sondern wirkliches Verständnis wecken, müssen ausreichende Kenntnisse in Physik und Mathematik und vielleicht auch in Chemie vorhanden sein. Man kann also Astronomie oder besser ein geschlossenes Kapitel aus der Astronomie wohl nur in einem Grund- oder Leistungskurs der Sekundarstufe II behandeln. Das schließt nicht aus, daß man in allen Jahrgängen und den verschiedensten Fächern immer wieder astronomische Probleme behandelt, die dem Auffassungsvermögen der Schüler zugänglich sind. Man sollte das sogar tun!

Aber auch in der Sekundarstufe II kann man nicht Astronomie treiben, ohne auf Schritt und Tritt auf Fragen zu stoßen, zu deren Beantwortung die physikalischen Voraussetzungen fehlen. Man kann aus diesem Mangel eine Tugend machen, indem man die Erarbeitung physikalischer Sachverhalte durch interessante astronomische Fragestellungen motiviert. So kann man z. B. zu einem Einstieg in die Strahlungsgesetze und die Wellentheorie des Lichts kommen, wenn man nach den Informationen fragt, die die Strahlung der Sterne enthält. Die Frage nach der Energieerzeugung in der Sonne und in den Sternen führt in zwingender Weise zur Kernphysik. Wenn man etwas über die physikalischen Grundlagen hinausgeht, die für die Astronomie notwendig sind, kann man Astronomie und Physik zu einer glücklichen Synthese bringen.

Man kann aber auch anders, in einem gewissen Sinn umgekehrt, vorgehen. Der ganz normale Physikunterricht bietet oft und immer wieder die Möglichkeit zu einem mehr oder weniger intensiven Einstieg in die Astronomie. Dieser Weg bietet zwei Vorteile. Einmal erfaßt man sicher mehr Schüler als im Falle eines reinen Astronomiekurses. Zum anderen kann *jeder Physiklehrer* diesen Weg gehen. Die meisten Fachlehrer der Physik sind aber während ihrer Ausbildung nicht mit Astronomie in Berührung gekommen. Sie scheuen sich deshalb, einen ganzen Kurs in Astronomie vorzubereiten. Dagegen würde es vielen eine große Freude machen, in ihrem Physikunterricht astronomische Probleme aufzugreifen und zu behandeln. Sie wissen, daß sie dadurch den Unterricht beleben und vertiefen können. Man kann aber kaum erwarten, daß sie zu diesem Zweck astronomische Bücher studieren, um geeignete Fragestellungen zu finden.

Aus diesen Überlegungen heraus ist dieses Buch entstanden. Es zeigt von Kapitel zu Kapitel zunächst die notwendigen physikalischen Kenntnisse auf und bietet dann eine Reihe voneinander unabhängiger Probleme aus der Astronomie. Die Orientierung ist leicht und eine

Auswahl ist nach Belieben möglich. Man kann natürlich auch einen Teil des Buches einem Grund- oder Leistungskurs zugrunde legen. In diesem Fall wird man sicher zur Abrundung und Erweiterung des ausgewählten Kapitels eins der im Literaturverzeichnis aufgeführten Bücher heranziehen.

Die Auswahl der hier gebotenen Probleme ist natürlich beschränkt und subjektiv. Die Darstellung kann aber vielleicht dazu anregen, selbst nach weiteren interessanten Tatsachen und Problemen zu suchen, die eine enge Verbindung zwischen Physik und Astronomie im Unterricht ermöglichen.

Hinweise für den Leser

Die in diesem Buch aufgeführten astronomischen Daten sind zumeist den Tabellenwerken von Landolt-Börnstein oder J. Herrmann (Ausgabe 1986) entnommen. In der Literatur gibt es bei Größen wie z.B. Entfernung, Masse, Leuchtkraft oder Radius von Sternen mitunter deutlich voneinander abweichenden Angaben. Zahlen, die als noch nicht gesichert gelten, sind in den Tabellen in Klammern gesetzt.

Die zur Lösung der Aufgaben erforderlichen Daten sind entweder dem Text bzw. den Tabellen des jeweiligen Abschnittes zu entnehmen oder den Werten im Anhang. Gelegentlich sind physikalische Formeln erforderlich, die in diesem Buch nicht aufgeführt sind. Sie müssen gegebenenfalls in einem geeigneten Lehrbuch der Physik nachgeschlagen werden.

1 Kepler-Gesetze und Gravitationsgesetz

Einige interessante Probleme, die allein mit Kenntnis der Keplerschen Gesetze und des Gravitationsgesetzes gelöst werden können.

1.1 Notwendige Kenntnisse aus der Physik

1.1.1 Zentrifugalkraft

Bewegung auf einem Kreis mit konstanter Bahngeschwindigkeit:

$$a_r = \frac{v^2}{r} = \frac{4\pi^2 r}{T^2} \; ; \quad F_r = \frac{mv^2}{r} = \frac{4\pi^2 m r}{T^2}.$$

1.1.2 Kepler-Gesetze

Die drei Kepler-Gesetze in der Keplerschen Formulierung:

1. Die Planeten bewegen sich auf Ellipsen, in deren einem Brennpunkt die Sonne steht (1609).
2. Der Fahrstrahl (auch Leitstrahl oder Radiusvektor), d. h. die Verbindungslinie Sonne-Planet, überstreicht in gleichen Zeiten gleiche Flächen (1609).
3. Die Quadrate der Umlaufzeiten zweier Planeten verhalten sich wie die dritten Potenzen der großen Halbachsen ihrer Bahnellipsen (1618).

1.1.3 Gravitationsgesetz

Das Newtonsche Gravitationsgesetz: $F = G\dfrac{m_1 m_2}{r^2}$ (1666–87).

Der beste heute bekannte Wert für G ist $6{,}67259 \cdot 10^{-11}\ \mathrm{N\,m^2\,kg^{-2}}$.*

1.2 Astronomische Probleme

1.2.1 Einige Betrachtungen zur Bewegung unseres Mondes. Siderische und synodische Umlaufzeit und die beiden ersten Kepler-Gesetze

Kepler (1571–1630) war der Überzeugung, daß die drei von ihm gefundenen Gesetze Folgerungen eines allgemeineren Gesetzes sind. Er vermutete eine Kraft, die von der Sonne ausgeht.

Newton (1642–1727) fand dieses Gesetz. Schon 1666 glaubte er, daß dieselbe Kraft, die den Körpern auf der Erde Gewicht verleiht, auch den Mond in seiner Bahn um die Erde hält. *„Jene Kraft, welche den Mond von der geradlinigen Bewegung abzieht, ist mit der irdischen Schwerkraft identisch“.* Für diese Kraft machte Newton den Ansatz $F \sim 1/r^2$.

Für die Radialbeschleunigung a_r des Mondes ergibt sich daraus im Vergleich mit der Fallbeschleunigung an der Erdoberfläche

$$\frac{a_r}{g} = \left(\frac{R_E}{r}\right)^2, \tag{1.1}$$

---

* In diesem Buch wird mit dem gerundeten Wert $6{,}673 \cdot 10^{-11}\ \mathrm{N\,m^2\,kg^{-2}}$ gerechnet.

worin r die mittlere Entfernung des Mondes und R_E der Erdradius ist. Nach *Huygens* gilt

$$a_r = \frac{v^2}{r} = \omega^2 \cdot r = \frac{4\pi^2}{T^2} \cdot r.$$

Damit erhält man aus Gl. (1.1)

$$g = a_r \left(\frac{r}{R_E}\right)^2 = \frac{4\pi^2}{T^2} \cdot r \cdot \left(\frac{r}{R_E}\right)^2 = \frac{4\pi^2}{T^2} \cdot \left(\frac{r}{R_E}\right)^3 \cdot R_E. \qquad (1.2)$$

Nun war zu Newtons Zeit aus Beobachtungen von Mondfinsternissen die Entfernung des Mondes in Einheiten des Erdhalbmessers recht gut bekannt: $r \approx 60\ R_E$. Der Erdradius selbst war aber sehr viel weniger genau bekannt. Newton rechnete zunächst (wahrscheinlich 1665–1666) mit 5500 km. (Alte Maße werden hier natürlich in den heutigen Einheiten angegeben) Mit T = 27,322 d = 2,3606 · 10^6 s erhält man g = 8,42 m s^{-2}. Dieses Ergebnis konnte ihn nicht befriedigen, da er wußte, daß die durch die Gravitation hervorgerufene Beschleunigung an der Erdoberfläche etwa 9,8 m s^{-2} beträgt. Er gab seine Überlegungen deswegen nicht bekannt. 1682 erfuhr er von der neuen Erdvermessung durch *Picard* (1670). Dieser gab für den Erdhalbmesser 6372 km an. Damit führt die Beziehung (1.2) auf g = 9,75 m s^{-2}. Die Übereinstimmung mit dem auf der Erde gemessenen Wert war nun so gut, daß Newton seine Überlegungen wieder aufgriff. Seine Gravitationstheorie wurde 1687 veröffentlicht. Sie ist ein Teilstück des großen Werkes „Philosophiae naturalis principia mathematica". Die verhältnismäßig lange Zeit zwischen 1682 und 1687 erklärt sich daraus, daß Newton erst das mathematische Rüstzeug (Fluxionsrechnung) entwickeln mußte, mit dem er die Probleme bei der Anwendung seiner Gravitationstheorie auf die Bewegung der Planeten und des Mondes bewältigen konnte.

Zur Berechnung der Radialbeschleunigung des Mondes ist oben die Zeit T = 27,322 d benutzt worden. Es ist natürlich die Zeit für einen Monat. In Tabellen findet man nun aber meist 2 – gelegentlich auch 3 oder mehr – Angaben über die Dauer eines Monats:

Synodischer Monat:	29 d	12 h	44 min	2,9 s = 29,530 589 d,
Siderischer Monat:	27 d	7 h	43 min	11,5 s = 27,321 661 d,
(Tropischer Monat:	27 d	7 h	43 min	4,7 s = 27,321 582 d).

Diese Begriffe müssen zunächst geklärt werden.

Synode heißt Zusammenkunft. Unter einem *synodischen Monat,* auch *Lunation* genannt, versteht man die Zeit von einer *Konstellation* der drei Gestirne Erde, Mond und Sonne bis zur nächsten *gleichartigen Konstellation* (Zusammenkunft). Würde sich die Erde nicht um die Sonne bewegen, wäre diese Zeit gleichbedeutend mit der Zeit, die der Mond zu einem vollen Umlauf von 360° um die Erde braucht. Das aber ist ein *siderischer Monat.* Den Einfluß der Bewegung der Erde um die Sonne erkennt man aus Bild 1.1.

Von den Punkten E, E_1' und E_1 der Erdbahn können die Blickrichtungen zu einem sehr weit entfernten Stern als parallel angenommen werden. Von V ausgehend hat der Mond in V' einen vollen Kreis um die Erde beschrieben. Es ist aber noch nicht wieder Vollmond. Von der Stellung V bis V' ist ein siderischer Monat vergangen (Sidus, das Gestirn). Bis zum nächsten Vollmond in V_1 vergehen noch mehr als zwei Tage. Dann steht die Erde in E_1.

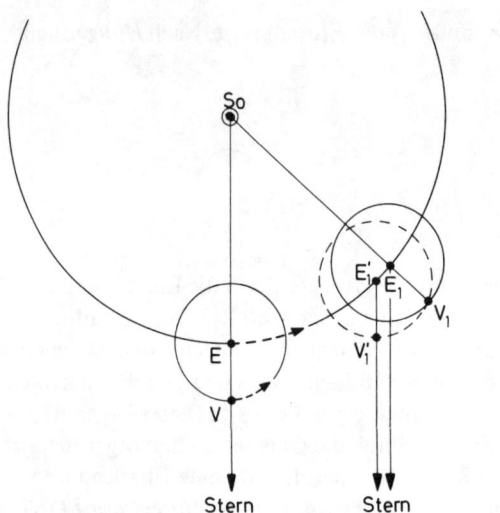

Bild 1.1

In Kalendern – nicht nur in Sternkalendern – findet man oft die Zeit für Vollmond und Neumond auf volle Minuten gerundet. In der Tabelle 1.1 sind die Zeiten für den Vollmond von Ende 1973 bis Ende 1974 angegeben. Die letzte Spalte zeigt die Zeit von Vollmond zu Vollmond.

Die kürzeste Lunation betrug in diesem Zeitraum 29 d 10 h 39 min, die längste 29 d 15 h 28 min. Im Mittel ergibt sich 29 d 12 h 57,4 min oder 29,539 881 d. Für andere Jahre ergeben sich größere Differenzen. 1968 z. B. war die kürzeste Lunation 29 d 7 h 5 min, die längste 29 d 18 h 42 min bzw. 29 d 19 h 21 min, wenn man die erst am 3. Jan. 1969 beendete Lunation hinzunimmt.

Tabelle 1.1

Datum		Tageszeit für Vollmond		Zeit von Vollmond zu Vollmond		
		h	min	d	h	min
1973 Nov.	10	15	27	29	11	7
1973 Dez.	10	2	34	29	11	2
1974 Jan.	8	13	36	29	10	48
1974 Febr.	7	0	24	29	10	39
1974 März	8	11	03	29	10	57
1974 April	6	22	00	29	11	55
1974 Mai	6	9	55	29	13	15
1974 Juni	4	23	10	29	14	30
1974 Juli	4	13	40	29	15	17
1974 August	3	4	57	29	15	28
1974 Sept.	1	20	25	29	15	13
1974 Okt.	1	11	38	29	14	41
1974 Okt.	31	2	19	29	13	51
1974 Nov.	29	16	10	29	12	41
1974 Dez.	29	4	51			

Es ist sicher lohnenswert, über diese leicht aufzufindenden Tatsachen nachzudenken. Zunächst wird deutlich, daß die Bewegung des Mondes nicht so einfach ist, wie sie oft dargestellt wird. Die große Fülle der Faktoren, die die Bahn des Mondes beeinflussen, kann hier nicht besprochen werden. Aber zwei Einflüsse sind besonders wirksam und auch − wenigstens qualitativ − durchaus verständlich:

1. die Tatsache, daß sich Erde und Mond auf Ellipsen bewegen,
2. die relativ schnelle *Drehung der Apsidenlinie**. Sie dreht sich − überwiegend recht-läufig* in 8,85 a einmal um 360°.

Die Bilder 1.2a und 1.2b zeigen zwei Extremfälle.

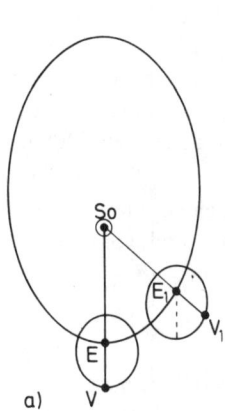 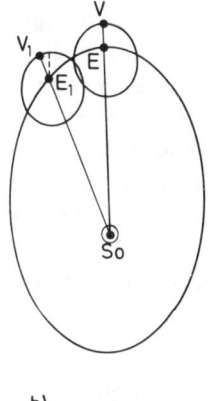

Bild 1.2

a)			b)

Ist die Erde in Sonnennähe (*Perihel*, Anfang Januar*), so besitzt sie nach dem 2. Kepler-Gesetz ihre größte Bahngeschwindigkeit. Der Winkel, den der Fahrstrahl Erde-Mond nach einem siderischen Monat noch überstreichen muß, bis wieder Vollmond eintritt, ist groß. Befindet sich die Erde in Sonnenferne (*Aphel*, Anfang Juli*), dann ist der entsprechende Winkel klein. Nimmt man nun an, daß der Mond im ersten Fall − Bild 1.2a − das *Apogäum** seiner Bahn durchläuft, also seine kleinste Bahngeschwindigkeit hat, dann dauert es wesent-lich länger bis zum Wiedereintritt des Vollmondes als im zweiten Fall, in dem der Mond sich nach Bild 1.2b im *Perigäum* seiner Bahn befindet, in dem der Fahrstrahl Erde-Mond bei maximaler Winkelgeschwindigkeit nur einen kleineren Winkel zurücklegen muß.

Die Frage, wie es zu einer so unterschiedlichen Dauer der Zeiten von Vollmond zu Voll-mond kommt, ist damit in wesentlichen Zügen geklärt. Die Bedeutung der ersten beiden Kepler-Gesetze ist an einem naheliegenden und leicht überschaubaren Beispiel aufgezeigt worden. Selbstverständlich ist nach den durchgeführten Überlegungen nun auch, daß zur Berechnung der Radialbeschleunigung des Mondes nicht der synodische, sondern der siderische Monat zu wählen ist, der einem vollen Umlauf von 360° entspricht. Die oben angegebene Zeit von 27,321 661 d ist natürlich auch ein durchschnittlicher Wert.

---

* Siehe Anhang

Bemerkungen:

1. Wählt man zur Berechnung des *mittleren synodischen Monats* (29,530 589 d) die 12 oder 13 Lunationen eines Kalenderjahres, so erhält man u. U. stark voneinander abweichende Werte:

   1974: 29,552 951 d und 1970: 29,502 025 d. Wählt man einen Zeitraum von 8,85 a, so erhält man als Mittel für einen synodischen Monat einen recht genauen Wert.

2. Die Astronomen des Altertums haben den mittleren synodischen Monat erstaunlich gut bestimmt. Sie suchten nach längeren Zeiträumen, in denen die Perioden der Mondbewegung möglichst ganzzahlig enthalten sind. Intervalle dieser Art findet man z. B. im Zusammenhang mit den Finsternissen. Ein solches Intervall beträgt $6585\frac{1}{3}$ mittlere Sonnentage oder 18 Julianische Jahre zu 365,25 Tagen und $10\frac{5}{6}$ Tage. Es wurde von den Griechen Saroszyklus genannt. Nach Ablauf eines *Saros* ergibt sich weitgehend die gleiche Konstellation von Erde, Mond und Sonne. In diesem Abstand wiederholen sich also auch Sonnen- und Mondfinsternisse. In einem Saros sind 223 Lunationen enthalten. Das ergibt als Mittelwert für einen synodischen Monat 6585,33 d : 223 = 29,5306 d. Hipparch (etwa 180–125 v. Chr.) hat einen Zyklus von 126 007 d 1 h gefunden, der 4267 synodische Monate enthält. Im Mittel ergibt sich hieraus für einen synodischen Monat 126 007,0417 d : 4267 = 29,530 593 d. Man hat also allen Grund, vor den Leistungen der Astronomen dieser Zeit volle Hochachtung zu haben.

1.2.2 Die Bahnen der Planeten

Auch bei den Planeten muß man zwischen *siderischer und synodischer Umlaufszeit* unterscheiden. Die Bilder 1.3a und 1.3b zeigen zunächst die wichtigsten Konstellationen von Sonne, Erde und einem Planeten. (Bild 1.3a für einen äußeren, Bild 1.3b für einen inneren Planeten)

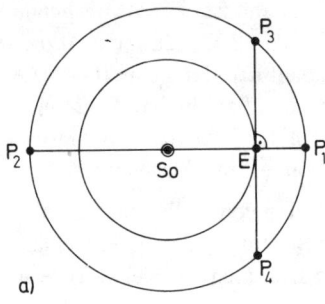

a)

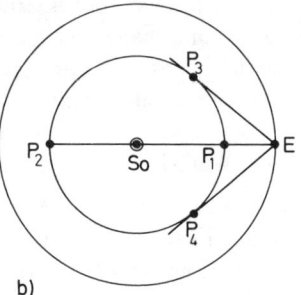

b)

P_1: Opposition
P_2: Konjunktion
P_3 und P_4: Quadratur

Bild 1.3

P_1: Untere Konjunktion
P_2: Obere Konjunktion
P_3 und P_4: Größte westl. bzw. größte östl. Elongation

Unter der *synodischen Periode* oder Umlaufzeit eines Planeten versteht man die durchschnittliche Zeit zwischen zwei aufeinanderfolgenden *Oppositionen* (*Konjunktionen*)
bei den äußeren Planeten bzw. zwischen zwei *Konjunktionen der gleichen Art* bei den
inneren Planeten. Unter der *siderischen Umlaufzeit* versteht man die Zeit für einen
vollen Umlauf von 360° um die Sonne. Für das Folgende ist es wichtig, den Zusammenhang zwischen der siderischen und synodischen Umlaufzeit eines Planeten und dem
siderischen Jahr zu kennen. Bild 1.4 zeigt in P_1 einen äußeren Planeten in Opposition.
Nach einer gewissen Zeit hat der Planet die Stellung P_2, die Erde aber wegen ihrer
größeren Bahngeschwindigkeit und ihres geringeren Abstands von der Sonne die Stellung
E_2 erreicht. Sie hat von der Sonne aus gesehen einen Vorsprung, der durch den Winkel
$P_2 SoE_2$ gemessen werden kann. Das siderische Jahr werde mit J_{Si}, die siderische Periode
eines Planeten mit P_{Si}, seine synodische Periode mit P_{Sy} bezeichnet. Gibt man diese

Zeiten in Tagen an, dann ist $\dfrac{360°}{J_{Si}}$ der Winkel, den der Fahrstrahl Sonne-Erde durch-

schnittlich in einem Tag überstreicht, $\dfrac{360°}{P_{Si}}$ der entsprechende Winkel für den Planeten.

Danach ist für einen äußeren Planeten $\dfrac{360°}{J_{Si}} - \dfrac{360°}{P_{Si}}$ der tägliche Vorsprung der Erde vor

dem Planeten. Der Vorsprung wächst von Tag zu Tag. Beträgt er, von 0° ausgehend
(Opposition), schließlich 360°, dann ist die nächste Opposition erreicht und eine
synodische Umlaufzeit des Planeten vollendet. Also gilt

$$P_{Sy} \cdot \left(\frac{360°}{J_{Si}} - \frac{360°}{P_{Si}} \right) = 360°.$$

Daraus erhält man

$$P_{Si} = \frac{P_{Sy} \cdot J_{Si}}{P_{Sy} - J_{Si}}.$$

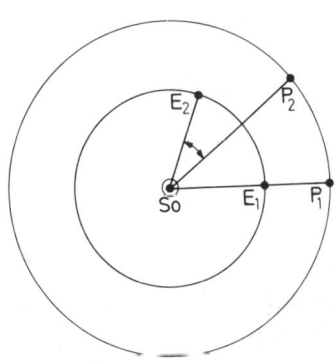

Bild 1.4

Für einen inneren Planeten findet man entsprechend zunächst für den täglichen Vorsprung
$\dfrac{360°}{P_{Si}} - \dfrac{360°}{J_{Si}}$ und daraus

$$P_{Sy} \cdot \left(\frac{360°}{P_{Si}} - \frac{360°}{J_{Si}} \right) = 360°. \tag{1.3a}$$

Für die beiden inneren Planeten Merkur und Venus gilt also

$$P_{Si} = \frac{P_{Sy} \cdot J_{Si}}{P_{Sy} + J_{Si}}. \tag{1.3b}$$

Die synodische Umlaufzeit läßt sich verhältnismäßig einfach beobachten und war den Astronomen des Altertums schon recht genau bekannt. Die Genauigkeit wächst mit der Länge der Beobachtungszeit. Die siderische Umlaufzeit muß nach den oben hergeleiteten Beziehungen berechnet werden. So erhält man für Mars mit P_{Sy} = 779,94 d und J_{Si} = 365,2564 d:

$$P_{Si} = 686,98 \text{ d} = 1,881 \text{ a.}$$

Konstruktion der Marsbahn als Beispiel zur Anwendung der siderischen Umlaufzeit: Kepler standen zahlreiche und genaue Beobachtungen des Mars von *Tycho Brahe* (1546–1601) zur Verfügung. Er nahm zunächst für die Erde, gemäß einer Hypothese des *Kopernikus* (1473–1543), eine exzentrische Kreisbahn an. Befand sich die Erde in E_1, so konnte aus den Beobachtungen die Richtung $E_1 A$ zum Mars angegeben werden (Bild 1.5). Nach P_{Si} = 1,881 a mußte sich der Mars im gleichen Punkt seiner Bahn befinden. Dann aber war die Erde etwa in E_2. Von hier aus war der Mars in der Richtung $E_2 B$ zu sehen. Der Schnittpunkt von $E_1 A$ und $E_2 B$ mußte einen Punkt der Marsbahn ergeben, wenn man in erster Näherung annimmt, daß Erd- und Marsbahn in einer Ebene liegen.

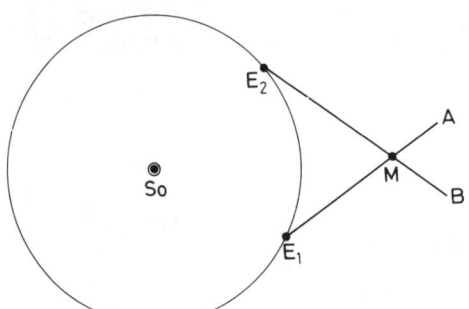

Bild 1.5
Mars M von zwei Punkten E_1 und E_2 der Erdbahn aus gesehen.

Auch Beobachtungen, die nicht genau einen zeitlichen Abstand der siderischen Umlaufszeit des Mars hatten, konnten benutzt werden, wenn sie eine genügend genaue Interpolation zuließen. Kepler arbeitete nicht geometrisch, sondern fand durch recht umständliche Rechnungen, daß die Marsbahn kein Kreis sein konnte und daß die Geschwindigkeit des Planeten nicht konstant ist. Die Annahme einer Ellipse für die Marsbahn führte dazu, auch für die Erdbahn eine Ellipse statt des exzentrischen Kreises anzusetzen. Kepler wiederholte die gesamten Rechnungen unter dieser Annahme und fand eine gute Übereinstimmung mit der Beobachtung.

Die Tabelle 1.2 ist nach den „Astronomisch-chronologischen Tafeln für Sonne, Mond und Planeten" von *P. Ahnert* (Joh. Ambr. Barth, Leipzig) berechnet. Zur leichteren Konstruktion sind in der Tabelle die *heliozentrische Länge* der Erde und die *geozentrische Länge* des Mars gegeben (Bild 1.6).

Tabelle 1.2

Datum		$\lambda_{\odot E}$	$\lambda_{E\,\delta}$	Vielfache der siderischen Umlaufszeit
1953 Okt.	1	7,5	160,0	4
1961 April	10	200,0	107,5	
1953 Nov.	1	38,5	179,0	4
1961 Mai	11	230,0	122,5	
1953 Dez.	1	68,5	198,5	4
1961 Juni	10	258,5	139,0	
1954 Jan.	1	100,0	217,0	4
1961 Juli	11	288,5	157,5	
1954 Febr.	1	131,5	235,5	4
1961 August	11	318,5	176,5	
1956 Jan.	17	116,0	242,0	3
1961 Sept.	8	345,0	194,5	
1954 April	1	190,5	265,5	5
1963 August	27	334,0	199,5	
1954 Mai	1	226,0	275,5	5
1963 Sept.	26	2,0	219,5	
1956 April	18	208,0	302,0	4
1963 Okt.	27	33,0	241,0	
1956 Mai	18	237,0	320,5	2
1960 Febr.	21	151,5	298,5	
1954 August	1	308,5	266,5	4
1962 Febr.	8	139,0	305,0	
1954 Sept.	1	338,0	274,5	2
1958 Juni	6	255,0	358,0	
1954 Okt.	1	7,5	288,0	4
1962 April	10	199,5	352,5	
1954 Nov.	1	38,0	307,0	4
1962 Mai	11	230,0	16,0	
1954 Dez.	1	68,0	326,5	1
1956 Okt.	18	24,0	343,5	
1955 Jan.	1	101,0	349,0	2
1958 Okt.	6	12,5	62,0	
1955 Febr.	1	131,5	11,0	3
1960 Sept.	23	0,0	91,0	
1957 Jan.	16	115,5	22,5	3
1962 Sept.	8	345,0	100,0	
1957 Febr.	16	147,0	41,0	3
1962 Okt.	9	15,5	118,5	
1957 März	18	177,0	60,0	3
1962 Nov.	8	45,0	133,0	
1959 März	6	164,5	70,5	2
1962 Dez.	9	76,5	144,0	
1959 April	5	194,5	87,0	2
1963 Jan.	8	107,0	144,5	

Fortsetzung der Tabelle 1.2

Datum	$\lambda_{\odot E}$	$\lambda_{E\delta}$	Vielfache der siderischen Umlaufszeit
1955 August 1	308,0	133,0	5
1964 Dez. 26	94,5	172,5	
1959 Juni 6	254,5	123,0	3
1965 Jan. 26	126,0	178,5	
1963 April 10	199,5	128,5	1
1965 Febr. 25	158,0	173,5	

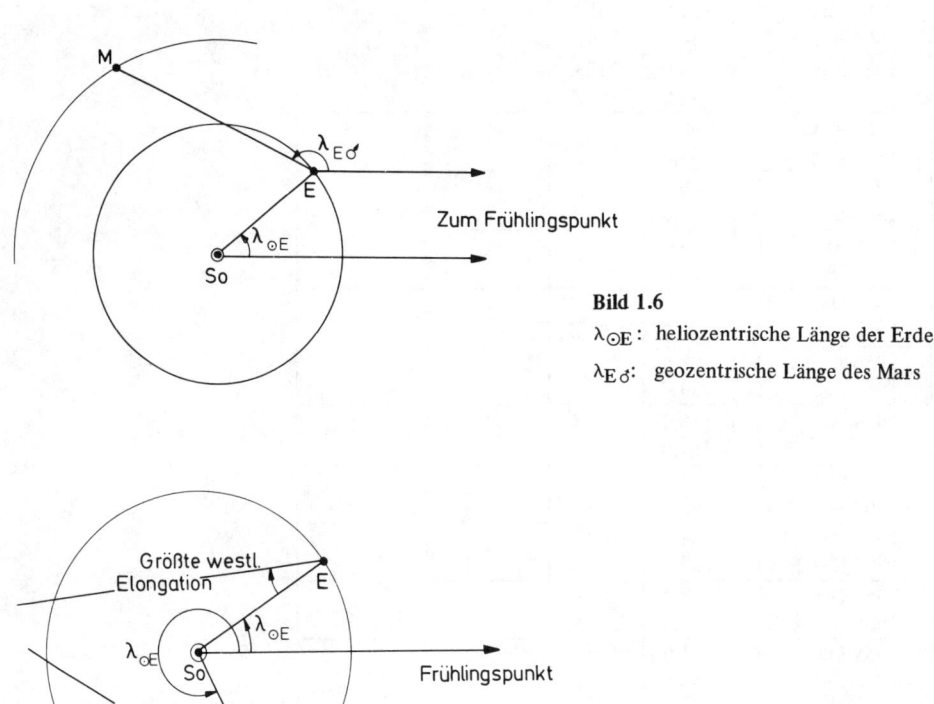

Bild 1.6

$\lambda_{\odot E}$: heliozentrische Länge der Erde

$\lambda_{E\delta}$: geozentrische Länge des Mars

Bild 1.7

Zur Tangentenkonstruktion der Merkur- und Venusbahn

Für die *inneren Planeten* kann eine *Tangentenkonstruktion* durchgeführt werden, wenn man die Werte für die größten östlichen bzw. westlichen Elongationen und die Angaben über die Stellung der Erde in ihrer Bahn (heliozentrische Länge $\lambda_{\odot E}$) zur Zeit der Beobachtung der jeweiligen Elongation hat (Bild 1.7). In den Tabellen 1.3 und 1.4 sind genügend Werte für eine Konstruktion der Merkur- und Venusbahn enthalten. Aus einer guten Zeichnung der Merkurbahn kann man mit überraschend großer Genauigkeit die halbe große Achse, die numerische Exzentrizität und die Länge des Perihels ablesen. Die Venusbahn ist bei dieser Konstruktion von einem Kreis nicht zu unterscheiden. So läßt sich auch nur die halbe große Achse ermitteln.

Tabelle 1.3: *Merkur*

Datum	Größte Elongation östl.	westl.	Heliozentrische Länge $\lambda_{\odot E}$ der Erde
1972 Jan. 1		23°	100° 14′
1972 März 14	18°		173° 56′
1972 April 28		27°	218° 18′
1972 Juli 11	26°		288° 45′
1972 August 25		18°	332° 30′
1972 Nov. 5	23°		43° 5′
1972 Dez. 14		21°	82° 22′
1973 Febr. 25	18°		157° 5′
1973 April 10		28°	200° 35′
1973 Juni 22	25°		271° 18′
1973 August 8		19°	316° 2′
1973 Okt. 18	25°		26° 15′
1973 Nov. 27		20°	64° 49′
1974 Febr. 9	18°		140° 11′
1974 März 23		28°	182° 49′
1974 Juni 4	24°		253° 18′
1974 Juli 22		20°	299° 12′
1974 Okt. 1	26°		7° 51′
1974 Nov. 10		19°	47° 42′

Tabelle 1.4: *Venus*

Datum	Größte Elongation östl.	westl.	Heliozentrische Länge $\lambda_{\odot E}$ der Erde
1962 Sept. 3	46°		340° 47′
1963 Jan. 23		47°	102° 1′
1964 April 10	46°		200° 31′
1964 August 29		46°	336° 5′
1965 Nov. 15	47°		53° 15′
1966 April 6		46°	196° 17′
1967 Juni 21	45°		268° 57′
1967 Nov. 9		47°	46° 31′
1969 Jan. 26	47°		126° 48′
1969 Juni 17		46°	266° 18′
1970 Sept. 1	46°		339° 7′
1971 Jan. 20		47°	119° 57′
1972 April 8	46°		198° 16′
1972 August 27		46°	333° 55′
1973 Nov. 13	47°		50° 53′
1974 April 4		46°	194° 0′

Aufgaben:

1. Die Umlaufszeit des Merkur um die Sonne beträgt 87,9686 d, seine siderische Rotationszeit 58,65 d. Das ist genau 2/3 der Umlaufszeit. Wie lange dauert auf dem Merkur ein Sonnentag?

2. Die Umlaufszeit der Venus um die Sonne beträgt 224,7 Tage, ihre siderische Rotationszeit 243 Tage. Die Rotation erfolgt retrograd, d. h. von Norden gesehen im Uhrzeigersinn. Wie lange dauert auf der Venus ein Sonnentag?

3. Mars hat zwei kleine Monde, Phobos und Deimos. Die siderischen Umlaufszeiten betragen 7 h 39 min 14 s bzw. 30 h 17 min 55 s. Die Rotationszeit des Mars beträgt 24 h 37 min 23 s. In welchen Abständen und in welcher Richtung gehen die Monde durch den Meridian eines Beobachters auf dem Mars?

4. Wie groß erscheint der Mars von einem seiner Monde aus?

5. Wie groß erscheint die Sonne vom Perihel bzw. Aphel der Merkurbahn?

6. Von dem Kometen 1843I kennt man die Exzentrizität e = 0,99991 und die Periheldistanz q = 0,0055 AE. Geben Sie die Periheldistanz in Kilometern und Sonnenhalbmessern an. Berechnen Sie die große Achse der Bahn, die Apheldistanz und die Umlaufszeit!

1.2.3 Zum 3. Kepler-Gesetz; das Gravitationsgesetz; Bestimmung von Entfernungen und Massen im Planetensystem

„Die Quadrate der Umlaufszeiten zweier Planeten verhalten sich wie die 3. Potenzen der großen Halbachsen ihrer Bahnen":

$$\frac{T_1^2}{T_2^2} = \frac{a_1^3}{a_2^3} \cdot$$

Daraus folgt

$$\frac{T_1^2}{a_1^3} = \frac{T_2^2}{a_2^3} = k_\odot \, ,$$

wobei $k_\odot$ eine für alle Planeten gleiche Konstante ist, die nur von der Masse der Sonne abhängt. Es gilt $k_\odot = 2{,}975 \cdot 10^{-19} \ m^{-3} \ s^2$. Man erhält diesen Wert, wenn man etwa für T die Dauer eines siderischen Jahres, $3{,}1558 \cdot 10^7$ s, und für a die astronomische Einheit, $1{,}496 \cdot 10^{11}$ m, einsetzt. Unter den Umlaufszeiten der Planeten sind natürlich die siderischen Umlaufszeiten zu verstehen. Das Gesetz gilt in dieser Form nur, weil die Masse der Sonne die aller Planeten um rund das 1000-fache übertrifft. Da die Umlaufszeiten sehr genau bestimmt werden können, liefert das 3. Kepler-Gesetz die relativen Abmessungen der Planetenbahnen. Gelingt es, die halbe große Achse der Erdbahn – auch mittlerer Abstand der Erde von der Sonne genannt – in Metern oder Kilometern zu messen, dann hat man auch in der gleichen Einheit die halben großen Achsen aller anderen Bahnen von Körpern, die die Sonne umlaufen, sofern die Umlaufszeiten bekannt sind.

Die Entfernung Erde-Sonne kann nicht unmittelbar gemessen werden: trigonometrisch nicht, weil feste Punkte auf der Sonnenoberfläche fehlen und die Luftunruhe eine präzise Messung unmöglich macht; durch Laufzeitmessung von Radiowellen (Radar) nicht, weil die Reflexion nicht an der Photosphäre, sondern in zunächst unbekannter Höhe in der äußeren Korona erfolgt.

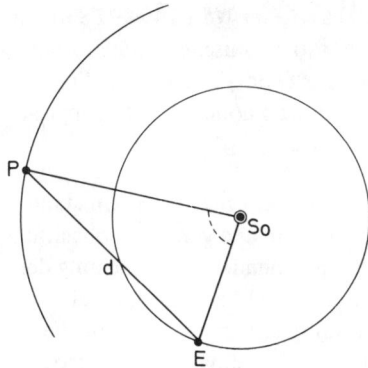

Bild 1.8

Zu einer bestimmten Zeit stehe die Erde in E, ein Planet in P (Bild 1.8). Die Entfernungen der Erde und des Planeten von der Sonne, ESo und PSo, sind in astronomischen Einheiten bekannt, weil die relativen Abmessungen im Planetensystem bekannt sind. Man kann die Stellung der Erde und eines jeden Planeten in ihren Bahnen zu einer bestimmten Zeit berechnen und kennt damit auch den Winkel ∢ ESoP. Aus dem Dreieck △ ESoP läßt sich die augenblickliche Entfernung d zwischen der Erde und dem Planeten in astronomischen Einheiten berechnen. Von einer Neigung der Bahnen gegeneinander ist bei dieser einfachen Betrachtung abgesehen.

Es gibt zwei Methoden zur Bestimmung von d.

1. *Die trigonometrische Methode*: Kommt ein Planet oder Planetoid der Erde so nahe, daß man seinen Abstand von der Erde durch Winkelmessung von zwei verschiedenen Stationen in m oder km bestimmen kann, dann kann man auch die astronomische Einheit in m oder km berechnen.

1672 wurde zum ersten Mal der Versuch gemacht, auf diese Weise die Entfernung des Mars zu einer gegebenen Zeit zu bestimmen. Die Beobachtungsstationen lagen in Paris und Cayenne. Der Mars aber ist, wie alle anderen Planeten, ungeeignet, weil er sich als Scheibe und nicht als Lichtpunkt darbietet. In diesem Jahrhundert wurde der 1898 entdeckte Planetoid Eros zur Bestimmung der astronomischen Einheit benutzt und zwar während seiner Oppositionen 1901 und 1930/31.

2. *Laufzeitmessung*: Die ersten Versuche, mit Radarechos die Entfernung eines Planeten zu bestimmen, wurden im Februar 1958 während einer unteren Konjunktion der Venus gemacht (Institute of Technology, Massachusetts). Weitere Versuche: September 1959 in Jodrell Bank, England; 6. März bis 18. Mai 1961 erneut in Massachusetts. Für die Berechnung der Entfernungen müssen die Radien der Erde und Venus und die Ausbreitungsgeschwindigkeit elektromagnetischer Wellen bekannt sein. Die Radarmethode führt zu Werten der astronomischen Einheit, die um wenigstens eine Größenordnung genauer sind als die durch trigonometrische Messungen gewonnenen Werte.

Spencer Jones berechnete aus Beobachtungen an Eros für AE den Wert $(149{,}674 \cdot 10^6 \pm 17\,000)$ km. Die Laufzeitmessungen des Instituts in Massachusetts im Jahre 1961 führten zu $(149{,}59785 \cdot 10^6 \pm 400)$ km. Im Jahre 1976 wurde auf einer

Tagung der Internationalen Astronomischen Union (IAU) als fester Wert 149 597 870 km
bestimmt. (Genaueres zur Definition und Bestimmung der astronomischen Einheit findet
man z.B. in „Sterne und Weltraum", 11 Jahrg., 1972, Nr. 11, Seite 298 und „Die Sterne",
Joh. Ambr. Barth, Leipzig, 38. Jahrg., 1962, Seite 1 sowie im „Handbuch der Mathematik"
Schroedel Verlag, Hannover, Bd. 4, Seite 252.)

Maßstabgerechte Darstellung der Planetenbahnen. Es war sicher ein glücklicher Umstand,
daß Tycho Brahe seinem Mitarbeiter Kepler besonders zahlreiche und genaue Beobachtungs-
daten für den Planeten Mars hinterlassen hat. Bei einer entsprechenden Untersuchung der
Venusbahn wäre Kepler die Entdeckung seines ersten Gesetzes nicht gelungen, da die
Exzentrizität der Venusbahn sehr gering ist (0,007). Man sollte sich an dieser Stelle die
wahren Verhältnisse bezüglich der Bahnformen deutlich machen, einmal, um die hervor-
ragenden Leistungen Keplers und Tycho Brahes würdigen zu können, zum anderen, um
sich von dem meist benutzten Bild einer mehr oder weniger langgestreckten Ellipse zu
lösen. Hierzu stelle man sich zunächst die Bahn eines jeden Planeten als Kreis mit dem
Halbmesser a = 1 m vor. Um die elliptischen Bahnen zu bekommen, muß man einen Durchmesser beibehalten und den dazu senkrechten verkürzen. Die kleine Halbachse der Ellipse
sei b. Tabelle 1.5 enthält für alle Planeten die Differenz a − b in mm und die numerische
Exzentrizität e.

Tabelle 1.5

Planet	a − b mm	e
Merkur	21,45	0,206
Venus	0,02	0,007
Erde	0,14	0,017
Mars	4,33	0,093
Jupiter	1,15	0,048
Saturn	1,51	0,055
Uranus	1,11	0.047
Neptun	0,05	0,010
Pluto	31,24	0,248

$$e = \frac{\sqrt{a^2 - b^2}}{a}$$

$$a - b = a\,(1 - \sqrt{1 - e^2})$$

$$a = 1\ m$$

Das Gravitationsgesetz und die exakte Fassung des 3. Kepler-Gesetzes. Es wurde schon er-
wähnt, daß das 3. Kepler-Gesetz in der ursprünglichen Fassung nur gilt, weil 99,9 % der Gesamtmasse des Planetensystems in der Sonne vereinigt sind. Erst mit Hilfe des Newtonschen
Gravitationsgesetzes gelingt die exakte Fassung des 3. Kepler-Gesetzes. Der Übergang von
den Kepler-Gesetzen zum Gravitationsgesetz sei hier nur kurz skizziert. Dabei werden
Kreisbahnen angenommen.

Die zum Zentrum hin wirkende Gravitationskraft muß der Zentrifugalkraft des Gleichgewicht halten. Es muß also gelten

$$F_G = \frac{4\,\pi^2\,a \cdot m_p}{T^2}\ .$$

Aus dem 3. Kepler-Gesetz in der Form $\dfrac{T^2}{a^3} = k_\odot$ entnimmt man $T^2 = k_\odot \cdot a^3$. Damit folgt

$$F_G = \frac{4 \cdot \pi^2}{k_\odot} \cdot \frac{m_p}{a^2} \,. \tag{1.4a}$$

Das 3. Newtonsche Axiom (aktio = reaktio) liefert für F_G einen zweiten Ausdruck:

$$F_G = \frac{4 \cdot \pi^2}{k_p} \cdot \frac{m_\odot}{a^2} \,, \tag{1.4b}$$

worin k_p nur von der Masse des Planeten abhängt, wie $k_\odot$ nur von der Masse der Sonne. Für die Erde erhält man z. B. aus dem siderischen Monat und dem mittleren Abstand des Mondes

$$k_E = \frac{T^2}{a^3} = \frac{(27{,}321661 \cdot 86400)^2}{(3{,}884 \cdot 10^8)^3} \; m^{-3} \, s^2 = 9{,}51 \cdot 10^{-14} \; m^{-3} \, s^2 \,.$$

Aus den Gln. (1.4a) und (1.4b) folgt

$$F_G = G \cdot \frac{m_\odot \cdot m_p}{a^2} \quad \text{mit} \quad G = \frac{4\,\pi^2}{m_\odot\, k_\odot} = \frac{4\pi^2}{m_p\, k_p} \,. \tag{1.5}$$

G muß experimentell bestimmt werden (Drehwaage). Berechnet man mit
$G = 6{,}673 \cdot 10^{-11} \; m^3 \; kg^{-1} \; s^{-2}$ aus

$$G = \frac{4\,\pi^2}{m_E\, k_E}$$

mit dem eben erhaltenen Wert für k_E die Masse der Erde, so erhält man $m_E = 6{,}221 \cdot 10^{24}$ kg, einen offensichtlich zu großen Wert. Hier wird deutlich, daß die obige Beziehung, die k_E liefert, nur angenähert gilt.

Die exakte Fassung des 3. Kepler-Gesetzes findet man auf folgende Weise: Zwei Körper mit den Massen m_1 und m_2 mögen sich auf Kreisbahnen mit den Radien r_1 und r_2 um ihren Massenmittelpunkt bewegen.

Mit den Bezeichnungen des Bildes 1.9 gelten folgende Beziehungen:

$$\frac{4\,\pi^2\, m_1\, r_1}{T_1^2} = G \frac{m_1 m_2}{r^2} \qquad (1.6a)$$

$$\frac{4\,\pi^2\, m_2\, r_2}{T_2^2} = G \frac{m_1 m_2}{r^2} \,. \qquad (1.6b)$$

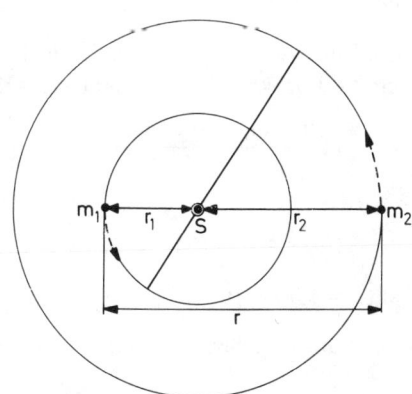

Bild 1.9

Mit $T_1 = T_2 = T$ erhält man durch Addition der Gln. (1.6a) und (1.6b)

$$\frac{4 \pi^2 (r_1 + r_2)}{T^2} = G \frac{m_1 + m_2}{r^2}$$

oder mit $r_1 + r_2 = r$

$$\frac{r^3}{T^2} = \frac{G}{4 \pi^2} (m_1 + m_2). \qquad (1.7)$$

In dieser Form gilt das 3. Kepler-Gesetz nicht nur für Kreisbahnen, sondern auch für elliptische Bahnen. An die Stelle von r tritt die halbe große Achse a.

Massenbestimmung im Planetensystem. Die exakte Fassung des 3. Kepler-Gesetzes bietet die Möglichkeit, Massen von Himmelskörpern zu bestimmen. Man erhält allerdings zunächst immer nur die Summe zweier Massen.

Erde und Mond: Mit $r = 3{,}844 \cdot 10^8$ m und $T = 27{,}322 \cdot 86400$ s erhält man

$m_E + m_{Mo} = 6{,}031 \cdot 10^{24}$ kg. Ein Vergleich mit $m_E = \dfrac{4 \pi^2}{G \cdot k_E}$ zeigt die Fehlerhaftigkeit des obigen Ansatzes.

Die Summe $m_E + m_{Mo}$ kann auch durch eine genaue Analyse der Gravitationswirkung von Erde und Mond auf andere Körper des Planetensystems, z. B. Eros, ermittelt werden. Man erhält dann $m_E + m_{Mo}$ zunächst in Einheiten der Sonnenmasse. Als bester Wert gilt zur Zeit $(m_E + m_{Mo}) : m_\odot = 1 : 328\,912$.

Man kann die *Masse der Erde allein* bestimmen. Notwendig ist die Kenntnis der Gravitationskonstante G, der Erdbeschleunigung g und des Radius R. Es gilt

$$m \cdot g = G \frac{m \cdot m_E}{R^2}, \qquad (1.8a)$$

wobei m eine Probemasse ist. Daraus folgt

$$m_E = \frac{g \cdot R^2}{G}. \qquad (1.8b)$$

Mit $g = 9{,}81$ m s^{-2}, $R = 6{,}371 \cdot 10^6$ m und $G = 6{,}673 \cdot 10^{-11}$ m^3 kg^{-1} s^{-2} erhält man $m_E = 5{,}967 \cdot 10^{24}$ kg.

Die Masse der Sonne wird in den meisten Lehrbüchern aus der Bedingung Gravitationskraft = Fliehkraft bei Annahme einer Kreisbahn berechnet. Man erhält aus

$$G \frac{m_\odot \cdot m_E}{a^2} = \frac{4 \pi^2 m_E a}{T^2} \qquad (1.9a)$$

$$m_\odot = \frac{4 \pi^2}{G} \cdot \frac{a^3}{T^2}. \qquad (1.9b)$$

Mit $a = 1{,}496 \cdot 10^{11}$ m und $T = 3{,}155815 \cdot 10^7$ s ergibt sich

$m_\odot = 1{,}9889 \cdot 10^{30}$ kg.

Dieses Ergebnis macht deutlich, daß man mit dem exakten Ansatz

$$m_\odot + m_E + m_{Mo} = \frac{4\pi^2}{G} \cdot \frac{a^3}{T^2} \qquad (1.10)$$

in den ersten 6 Dezimalstellen keinen anderen Wert bekommt.

Bemerkungen:

a) Die Masse der Erde wird in Tabellen mit $5{,}976 \cdot 10^{24}$ kg angegeben. Oben wurde sie zu $5{,}967 \cdot 10^{24}$ kg berechnet.

b) Berechnet man aus $m_E + m_{Mo} = 6{,}031 \cdot 10^{24}$ kg und $m_E = 5{,}967 \cdot 10^{24}$ kg das Verhältnis der Mond- zur Erdmasse, so erhält man 1 : 93,2. Dieser Wert weicht erheblich von dem heute gut bekannten Wert 1 : 81,3 ab.

c) Der beste Wert für das Verhältnis der Sonnenmasse zur Summe aus Erd- und Mondmasse liegt je nach der Methode der Berechnung zwischen 328 894 und 328 927. Mit $m_E + m_{Mo} = 6{,}031 \cdot 10^{24}$ kg und $m_\odot = 1{,}989 \cdot 10^{30}$ kg erhält man 329 796.

d) Benutzt man die Daten einiger künstlicher Satelliten zur Ermittlung der Erdmasse, so erhält man keine sehr genauen Werte.

Beispiele:

Tabelle 1.6

Satellit	Start	Abstand von der Erde im		Umlaufzeit min	Masse der Erde 10^{24} kg
		Perigäum km	Apogäum km		
Cosmos 304	21.10.69	742	761	99,9	5,950
Nimbus	8. 4.70	1095	1100	107,3	5,946
Nato 1	20. 3.70	34429	35786	1401,6	5,970
Skynet 2	19. 8.70	270	36041	636,5	5,985

Die unter a) bis d) gestellten Fragen können in der Schule nicht umfassend beantwortet werden. Man sollte sie aber stellen. Wesentliche Gründe für die Abweichungen liegen in Folgendem: Die Bewegung künstlicher Satelliten oder des Mondes um die Erde ist kein reines Zweikörperproblem. Außerdem ist die Erde keine Kugel und die Masse in ihr ist weder homogen noch in homogenen Schalen verteilt.
Die Massen von Mars, Jupiter, Saturn, Uranus und Neptun können durch genaue Beobachtung der umlaufenden Monde bestimmt werden. Natürlich erhält man die Summe aus der Masse des Planeten und der eines Mondes. Ist die Masse eines Mondes (oder auch einiger Monde) so groß, daß sie aus Störungen, die dieser auf andere Monde ausübt, ermittelt werden kann, dann kann die Masse des Planeten und die eines (oder einiger) seiner Monde getrennt berechnet werden. Vor den Raumflugunternehmen waren so die Massen der vier großen Jupitermonde und von fünf Saturnmonden genauer bekannt.

Tabelle 1.7: *Mars* (♂)

	a 10^6 m	T d	10^4 s	m 10^{23} kg
Phobos	9,37	0,3189	2,7553	6,411
Deimos	23,52	1,262·	10,904	6,474
Masse ohne Mond nach Landolt-Börnstein:			6,419	

Tabelle 1.8: *Jupiter* (♃)

	a 10^8 m	T d	10^5 s	m 10^{27} kg
Jo	4,216	1,769	1,5284	1,8979
Europa	6,709	3,551	3,0681	1,8979
Ganymed	10,70	7,155	6,1819	1,8965
Callisto	18,80	16,689	14,419	1,8909
Amalthea	1,813	0,498	0,4303	1,9043
Sinope	237,00	758	654,91	1,8362
Masse ohne Mond nach Landolt-Börnstein:			1,8988	

Man beachte in Tabelle 1.8 besonders die Abweichungen bei Amalthea (Mond Nr. 5) und Sinope (Nr. 9). Amalthea hat — abgesehen von den 1979 auf Voyager-Aufnahmen entdeckten unscheinbaren Monden Nr. 15 und Nr. 16 — die kleinste Entfernung, Sinope die größte Entfernung von Jupiter.

Tabelle 1.9: *Saturn* (♄)

	a 10^8 m	T d	10^5 s	m 10^{26} kg
Mimas	1,86	0,942	0,8139	5,747
Dione	3,77	2,737	2,3648	5,669
Titan	12,22	15,95	13,781	5,684
Phoebe	129,3	550,4	475,55	5,655
Masse ohne Mond nach Landolt-Börnstein:			5,684	

Titan hat die Masse $1,36 \cdot 10^{23}$ kg.

Tabelle 1.10: *Uranus* (☉)

	a	T		m
	10^8 m	d	10^5 s	10^{25} kg
Miranda	1,294	1,413	1,2208	8,601
Ariel	1,910	2,520	2,1773	8,696
Umbriel	2,663	4,144	3,5804	8,715
Titania	4,359	8,706	7,5220	8,660
Oberon	5,835	13,463	11,6320	8,687
Masse ohne Mond				8,698

Tabelle 1.11: *Neptun* (♆)

	a	T		m
	10^8 m	d	10^5 s	10^{26} kg
Triton	3,54	5,877	5,0777	1,018
Nereide	55,10	360,2	311,21	1,022
Masse ohne Mond nach Landolt-Börnstein:				1,028

Triton hat die Masse $1,34 \cdot 10^{23}$ kg.*

Aus dem Vergleich zwischen den hier errechneten Massen und Werten, die man zuverlässigen Tabellen entnimmt, geht eins mit Sicherheit hervor: Die Ermittlung möglichst genauer Werte für die Planetenmassen ist schwieriger, als die einfachen, hier durchgeführten Rechnungen schließen lassen.

1.2.4 Störungsrechnung

Die Masse von Merkur und Venus, d.h. den Planeten ohne Monde, kann nur aus *Störungen* berechnet werden, die diese Planeten auf Nachbarplaneten, auf nahekommende Planetoiden oder auf Raumsonden ausüben.

Für unser Plantensystem ist bezüglich der Störungen der Fall besonders interessant und wichtig, in dem die Kraft des störenden Körpers sehr viel kleiner als die Kraft zwischen der Sonne und einem Planeten oder einem Planeten und seinem Mond ist.

Beispiel: Die Entfernung zwischen Erde und Sonne sei r, die Entfernung zwischen Erde und Jupiter sei ρ. Die Kraft zwischen Erde und Sonne ist

$$F_{\odot E} = G \frac{m_E \cdot m_\odot}{r^2},$$

die Kraft zwischen Erde und Jupiter, dem massereichsten Planeten, ist

$$F_{\textit{⚄} E} = G \frac{m_E \cdot m_{\textit{⚄}}}{\rho^2}.$$

---

* In manchen Quellen wird die Masse mit $5,7 \cdot 10^{22}$ kg angegeben. Sie ist also noch nicht sehr genau bekannt.

Das Verhältnis der Kräfte ist

$$\frac{F_{\text{4}\,E}}{F_{\odot E}} = \frac{m_{\text{4}}}{m_{\odot}} \cdot \left(\frac{r}{\rho}\right)^2 . \tag{1.11}$$

Nimmt man den günstigsten Fall für eine Störung, d. h. den größten Abstand von der Sonne und den kleinsten Abstand vom Jupiter, so erhält man

$$\frac{F_{\text{4}\,E}}{F_{\odot E}} = \frac{1,8993 \cdot 10^{27}}{1,989 \cdot 10^{30}} \cdot \left(\frac{152,1}{3,95 \cdot 149,6}\right)^2 = 6,33 \cdot 10^{-5} .$$

Die Störung ist am größten, wenn Sonne (So), Planet (P) und störender Körper (S) sich auf einer Geraden befinden (Bild 1.10). Die Entfernung zwischen dem Planeten und der Sonne sei r, die zwischen dem Planeten und dem störenden Körper sei ρ.

Bild 1.10

Die Masse des störenden Körpers sei m_S. Dann ist die Beschleunigung, die durch den störenden Körper am Ort der Sonne bewirkt wird

$$a_{\odot} = G \frac{m_S}{(r + \rho)^2} ,$$

die am Ort des Planeten bewirkte Beschleunigung ist

$$a_P = G \frac{m_S}{\rho^2} .$$

Die Differenz dieser Beschleunigungen ist die Störung.

$$\text{Störung} = \Delta a = a_P - a_{\odot} = G \cdot m_S \cdot \left(\frac{1}{\rho^2} - \frac{1}{(r + \rho)^2}\right) \tag{1.12}$$

Nimmt man $r \ll \rho$ an, so ergibt sich als erste Näherung

$$\Delta a \approx 2 \cdot G \cdot m_S \frac{r}{\rho^3} \tag{1.13a}$$

$$\left(\frac{1}{(r + \rho)^2} = \frac{1}{\rho^2 \left(1 + \frac{r}{\rho}\right)^2} \approx \frac{1}{\rho^2} \left(1 - \frac{r}{\rho}\right)^2 \approx \frac{1}{\rho^2} - \frac{2\,r}{\rho^3}\right).$$

Steht die Sonne zwischen dem Planeten und dem störenden Körper, so gilt entsprechend Bild 1.11.

$$\Delta a = G \cdot m_S \left(\frac{1}{(\rho - r)^2} - \frac{1}{\rho^2}\right) \tag{1.13b}$$

$$\Delta a \approx 2 \cdot G \cdot m_S \frac{r}{\rho^3} . \tag{1.14}$$

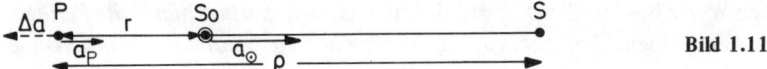

Bild 1.11

Am Ort des Planeten wirkt die Differenz der Beschleunigungen immer so, daß sie *von der Sonne fortgerichtet* ist, *Die Störung wirkt so, als ob die Anziehungskraft der Sonne verkleinert wäre.* Das gleiche Bild ergibt sich, wenn man einen Planeten mit Mond und die Sonne als störenden Körper betrachtet. Daher ist es verständlich, daß man für die Masse eines Planeten oft einen zu kleinen Wert bekommt, wenn man Monde mit großem Abstand benutzt.

Störungen bewirken eine Differenz zwischen der vorausberechneten Position, z. B. eines Planeten, und der beobachteten. *Aus den wiederholt festgestellten Differenzen kann man auf den Ort und die Masse des störenden Körpers schließen. Auf diese Weise sind Neptun und Pluto entdeckt worden.*

Der Uranus wurde 1781 zufällig von *W. Herschel* entdeckt. Nach ausreichender Beobachtungszeit wurde die Bahn des neuen Planeten berechnet. Ebenso wurden die Orte für die zukünftigen Beobachtungen vorausberechnet. 1830 betrug die Differenz zwischen beobachtetem und berechnetem Ort schon $20''$, 1840 sogar $90''$. *Adams* (England) und *Leverrier* (Frankreich) suchten daraufhin nach einem störenden Körper. Leverrier teilte das Ergebnis seiner Rechnungen verschiedenen Sternwarten mit, u. a. auch der Berliner Sternwarte, an der *J. G. Galle* arbeitete. Am Tage, an dem Galle den Brief erhielt, es war der 23.9.1846, war der Himmel klar. Zufällig war auch gerade eine Sternkarte von der Himmelsgegend fertig geworden, in der nach Leverriers Berechnungen der bisher unbekannte Planet stehen sollte. Er wurde $52'$ von dem vorausberechneten Ort entfernt aufgefunden. Störungen in der Uranus- und Neptunbahn ließen auf einen weiteren unbekannten Planeten schließen. Nach vorausgegangenen Berechnungen vor allem von *Lowell* und *Pickering* wurde dieser Planet 1930 von *Tombaugh* entdeckt. Er erhielt den Namen Pluto. Es werden weitere Planeten vermutet. Ihre Existenz ist bis heute nicht gesichert.

Störungen verändern die Bahn eines jeden Planeten. *Ausführliche Rechnungen haben gezeigt, daß das Planetensystem trotz aller gegenseitigen Störungen stabil ist.* Man muß *periodische und säkulare Störungen* unterscheiden. Die großen Halbachsen, die Exzentrizitäten und die Neigungen der Planetenbahnen unterliegen praktisch nur periodischen Störungen. Säkulare Störungen der großen Halbachsen machen sich erst in vielen Milliarden Jahren bemerkbar, d. h. in einer Zeit, in der die Sonne nicht mehr in ihrem heutigen Zustand existiert. Säkulare Störungen gibt es u. a. bei den Apsidenlinien, d. h. den Verbindungslinien von Perihel (Sonnennahpunkt) und Aphel (Sonnenfernpunkt). Die Apsidenlinie der Erde z. B. dreht sich rechtsläufig um etwa $11,6''$ in einem Jahr. Die siderische Umlaufzeit des Perihels der Erde dauert rund 111 300 Jahre.

Der beobachtete Wert der Periheldrehung kann mit Hilfe der klassischen Physik nicht exakt berechnet werden. Die Drehung erfolgt schneller, als es nach Rechnungen im Rahmen der Newtonschen Gravitationstheorie unter Berücksichtigung aller Einflüsse zu erwarten ist. Besonders auffällig ist der Unterschied bei Merkur. Der Unterschied zwischen Rechnung (klassisch) und Beobachtung beträgt $43,11''$ pro Jahrhundert. Für Venus und Erde sind die entsprechenden Werte 8,4″ und 5,0″ pro Jahrhundert. *Bekanntlich bietet die Perihel-drehung des Merkur eine Möglichkeit zur Prüfung der allgemeinen Relativitätstheorie.* Diese sagt für den Unterschied 42,98″ pro Jahrhundert voraus.

Aufgaben:

1. Um welchen Betrag müßte sich die Masse der Sonne ändern, damit bei gleichbleibendem mittleren Abstand Sonne-Erde das Jahr um a) 1 s, b) 1 d länger oder kürzer würde? Die Masse der Erde kann und die Anwesenheit der übrigen Planeten soll vernachlässigt werden.

2. Wie groß wären die siderischen und synodischen Umlaufzeiten der Planeten, wenn der Sirius mit der Masse von 2,24 Sonnenmassen an die Stelle der Sonne träte, die Abstände der Planeten von der Sonne aber erhalten blieben?

3. Welche Beziehung besteht nach dem 3. Kepler-Gesetz in der ursprünglichen Fassung zwischen dem mittleren Abstand und der mittleren Bahngeschwindigkeit zweier Planeten? Bestimmen Sie die in dieser Beziehung auftretende Konstante für das Sonnensystem!

4. Wie groß ist die Fallbeschleunigung an der Oberfläche der Sonne und der Planeten? Wie groß ist sie auf dem Mond? Wie groß ist sie an der Oberfläche eines weißen Zwerges und eines Neutronensterns, wenn beide Sonnenmasse besitzen? Der Radius des weißen Zwerges sei gleich dem Erdradius, der des Neutronensterns gleich 10 km.

5. Wie groß ist die Geschwindigkeit, mit der sich ein Körper unmittelbar an der Oberfläche eines Planeten, des Mondes, der Sonne, eines weißen Zwerges oder eines Neutronensterns bewegen müßte, um auf einer Kreisbahn zu bleiben (1. kosmische Geschwindigkeit)? Von einer Atmosphäre soll abgesehen werden. Bei den von einer dichten Wolkenhülle umgebenen Planeten ist unter Oberfläche die äußere Wolkenschicht zu verstehen. Die Daten für einen weißen Zwerg und Neutronenstern sind der Aufgabe 4 zu entnehmen.

1.2.5 Gezeiten

Ein *Gravitationsfeld* wird quantitativ durch die Gravitationsfeldstärke g_g beschrieben. Diese ist durch den Quotienten aus der Kraft auf eine Probemasse und diese Probemasse definiert. Die *Gravitationsfeldstärke* hat die gleiche Dimension wie die Beschleunigung. Für das radiale Feld einer punktförmigen Masse m gilt

$$g_g = G \cdot \frac{m}{r^2}. \tag{1.15}$$

Die Gravitationsfeldstärke der Sonne „im Bereich der Erde" z. B. ist

$$g_{g\odot} = G \cdot \frac{m_\odot}{r^2} = 5{,}93 \cdot 10^{-3} \text{ m s}^{-2} \tag{1.16a}$$

oder

$$g_{g\odot} = 6{,}04 \cdot 10^{-4} \text{ g}. \tag{1.16b}$$

Hierbei steht g für die Erdbeschleunigung, $g = 9{,}81 \text{ m s}^{-2}$.
Für den Mond gilt bei Annahme einer mittleren Entfernung von a = 384 400 km

$$g_{g\,mo} = G \cdot \frac{m_{Mo}}{a^2} = 3{,}32 \cdot 10^{-5} \text{ m s}^{-2} \tag{1.17a}$$

oder

$$g_{g\,Mo} = 3{,}38 \cdot 10^{-6} \text{ g}. \tag{1.17b}$$

Schließlich kann man das Verhältnis der Gravitationsfeldstärken der Sonne und des Mondes „im Bereich der Erde" berechnen:

$$\frac{g_{g\,\odot}}{g_{g\,Mo}} = \frac{5,93 \cdot 10^{-3}}{3,32 \cdot 10^{-5}} = 179 \qquad (1.18)$$

Erinnert man sich an die allgemein bekannte Tatsache, daß die Gezeiten im wesentlichen durch den Einfluß des Mondes und weit weniger durch den der Sonne bestimmt werden, dann steht man vor zwei Fragen:

1. Warum spielt der Mond die bedeutend größere Rolle (siehe Gl. 1.18)?

2. Wie können die sehr schwachen, zur Erdanziehung hinzukommenden Kräfte eine so große Wirkung hervorrufen (siehe Gln. 1.16b und 1.17b)?

Zur Klärung: Die Erde ist ein ausgedehnter Körper und nicht ein Massenpunkt. Weiter oben wurde der Begriff „im Bereich der Erde" benutzt. Die Gravitationsfelder der Sonne und des Mondes sind radial und damit inhomogen. Das hat zur Folge, daß auf gleich große Probemassen an *verschiedenen Orten auf der Erde unterschiedliche Gravitationskräfte* durch die Sonne oder den Mond ausgeübt werden. In Bild 1.12, das sich auf das System Erde-Mond bezieht, sei Z das Zentrum, in dem man sich die Masse des Mondes vereinigt denken kann, E der Mittelpunkt der Erde, R ihr Radius und S der Massenmittelpunkt des Systems. ZE ist mit a bezeichnet.

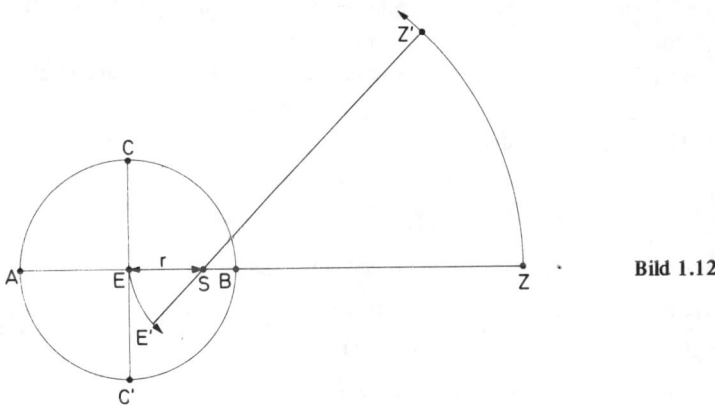

Bild 1.12

Dann gilt allein für E die Gleichung

$$G\,\frac{m_{Mo}}{a^2} = \frac{4\,\pi^2 \cdot r}{T^2},$$

wenn r der Abstand zwischen E und S ist. r berechnet sich zu 4671 km $\approx \frac{3}{4}$ R. Der Massenmittelpunkt liegt also im Inneren der Erde. Die Zentrifugalbeschleunigung

$$a_z = \frac{4\,\pi^2 \cdot r}{T^2}$$

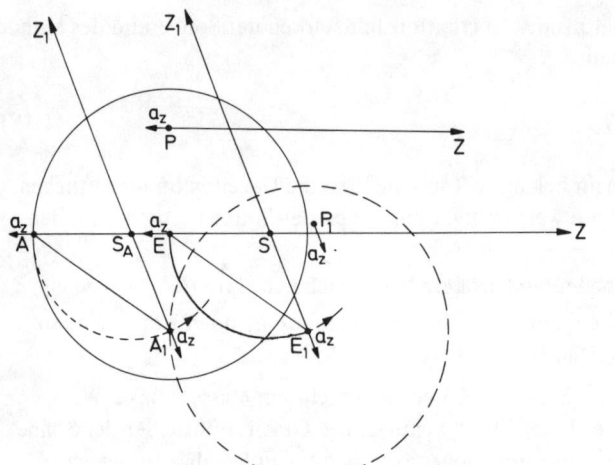

Bild 1.13

ist für alle Punkte der Erde gleich groß, immer von dem anziehenden Gestirn fortgerichtet und parallel zur Verbindungslinie der beiden Massenzentren E und Z. Das geht aus Bild 1.13 hervor. Während E einen Kreis mit dem Radius r um S beschreibt (ausgezogen), beschreibt A einen Kreis mit dem gleichen Radius um S_A (gestrichelt). Entsprechendes gilt für alle Punkte der Erde, ob sie auf der Oberfläche oder im Inneren liegen. Die Umlaufszeit T auf allen Kreisen mit dem Radius r ist gleich einem siderischen Monat: T = 27,322 d. Die Rotation der Erde um ihre Achse spielt bei diesen Betrachtungen keine Rolle.

In A bzw. B (Bild 1.12) herrscht die Feldstärke

$$g_g^A = G \cdot \frac{m_{Mo}}{(a + R)^2} \quad \text{bzw.} \quad g_g^B = G \cdot \frac{m_{Mo}}{(a - R)^2}.$$

Zwischen E und A besteht also ein Unterschied in den Feldstärken:

$$\Delta g_g^{AE} = G \cdot \frac{m_{Mo}}{(a + R)^2} - G \cdot \frac{m_{Mo}}{a^2} = - G m_{Mo} \cdot \frac{2\,aR + R^2}{(a + R)^2 \cdot a^2}. \tag{1.19a}$$

Für den Unterschied der Feldstärken in E und B gilt entsprechend:

$$\Delta g_g^{BE} = G \cdot \frac{m_{Mo}}{(a - R)^2} - G \cdot \frac{m_{Mo}}{a^2} = + G m_{Mo} \cdot \frac{2\,aR - R^2}{(a - R)^2 \cdot a^2}. \tag{1.19b}$$

Vernachlässigt man in beiden Fällen im Zähler R^2 gegen 2 aR und im Nenner R gegen a, so erhält man für die Differenz in den Punkten E und A

$$\Delta g_g^{AE} = - 2\,G m_{Mo} \cdot \frac{R}{a^3} \tag{1.20a}$$

und für die Differenz in den Punkten E und B

$$\Delta g_g^{BE} = + 2\,G m_{Mo} \cdot \frac{R}{a^3}. \tag{1.20b}$$

In A und B herrscht also zwischen der Radialkraft (Gravitationskraft) und der Zentrifugalkraft kein Gleichgewicht. Auf eine Probemasse μ in B wirkt die Kraft $+ 2\,Gm_{Mo}\,\mu \cdot \dfrac{R}{a^3}$ in Richtung auf Z, in A eine Kraft der gleichen Größe in entgegengesetzter Richtung. (Überlegungen für C und C' werden später durchgeführt.)

Rechnet man die durch den Mond hervorgerufenen *Differenzkräfte* aus, so erhält man

$$\Delta F_{Mo} = 2 \cdot 6{,}673 \cdot 10^{-11} \cdot 7{,}35 \cdot 10^{22} \cdot \frac{6{,}37 \cdot 10^6}{(3{,}844 \cdot 10^8)^3}\,\mu N = 1{,}1 \cdot 10^{-6}\,\mu N, \qquad (1.21)$$

wenn μ in kg gemessen wird.

Für die durch die Sonne hervorgerufenen *Differenzkräfte* erhält man

$$\Delta F_\odot = 5{,}1 \cdot 10^{-7}\,\mu N. \qquad (1.22)$$

Jetzt wird deutlich, warum bei den Gezeiten der Mond die entscheidende Rolle spielt. Vergleicht man den Einfluß des Mondes mit dem der Sonne, so erhält man

$$\frac{\Delta F_{Mo}}{\Delta F_\odot} = 2{,}18. \qquad (1.23)$$

Die Differenzkräfte, die durch den Mond ausgeübt werden, sind also rund 2,2 mal so groß wie die der Sonne.

Für die Punkte C und C' entnimmt man aus Bild 1.14, daß die Komponenten der Gravitationsbeschleunigung parallel zu EZ durch die Zentrifugalbeschleunigung ausgeglichen werden und daß Komponenten in Richtung E übrigbleiben. Für die Beschleunigung (Feldstärke) in Richtung CZ bzw. C'Z gilt

$$G \cdot \frac{m_{Mo}}{a^2 + R^2}.$$

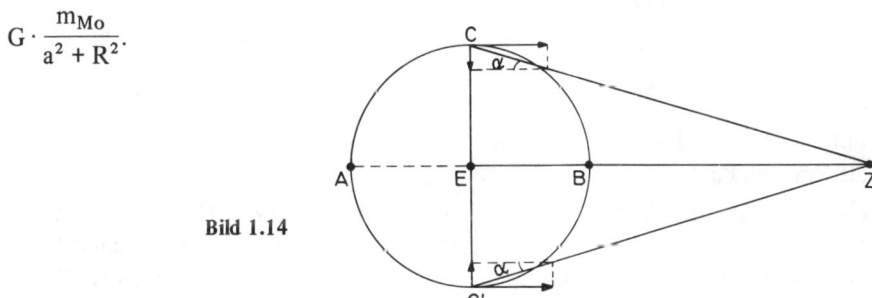

Bild 1.14

Die Komponenten in Richtung CE bzw. C'E haben die gleichen Beträge. Für sie entnimmt man dem Bild 1.14

$$g_g^{CE} = G \cdot \frac{m_{Mo}}{a^2 + R^2} \cdot \sin\alpha = G \cdot \frac{m_{Mo}}{a^2 + R^2} \cdot \frac{R}{\sqrt{a^2 + R^2}} = G \cdot \frac{m_{Mo}\,R}{\sqrt{(a^2 + R^2)^3}} \qquad (1.24a)$$

$$g_g^{CE} = g_g^{C'E} \approx Gm_{Mo} \cdot \frac{R}{a^3}. \qquad (1.24b)$$

Für alle anderen Punkte auf der Erdoberfläche ist die Rechnung komplizierter (siehe z. B. *Walter Kertz* „Einführung in die Geophysik I", Hochschultaschenbücher BI 275/275a).

Für die geographische Breite φ erhält man in erster Annäherung für die Komponenten in Richtung zum Erdmittelpunkt und parallel zur Erdoberfläche (wenn man wieder Kräfte auf die Probemasse μ betrachtet)

$$F_R \approx \frac{3}{2} \cdot Gm_{Mo} \cdot \mu \, \frac{R}{a^3} \left(\cos(2\,\varphi) + \frac{1}{3} \right) \tag{1.25a}$$

$$F_\varphi \approx \frac{3}{2} \cdot Gm_{Mo} \cdot \mu \, \frac{R}{a^3} \cdot \sin(2\,\varphi). \tag{1.25b}$$

Für $\varphi = \pm 45°$ ergibt sich z. B.

$$F_R \approx \frac{1}{2} \cdot Gm_{Mo} \cdot \mu \, \frac{R}{a^3} \tag{1.26a}$$

$$F_\varphi \approx \mp \frac{3}{2} \cdot Gm_{Mo} \cdot \mu \, \frac{R}{a^3}. \tag{1.26b}$$

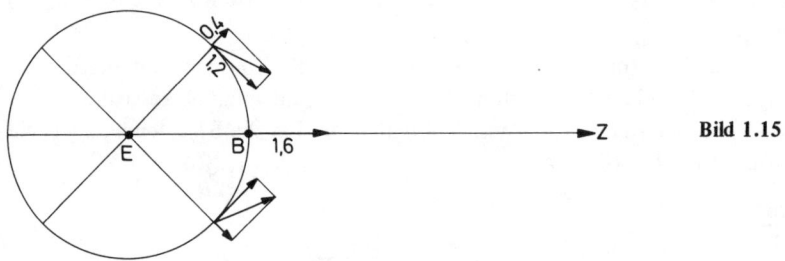

Bild 1.15

In Bild 1.15 sind diese Kräfte und ihre Resultierenden im gleichen Maßstab dargestellt wie die Kraft im Punkt B.

Bild 1.16 gibt eine Übersicht über die Flutkräfte auf der Erdhalbkugel, die dem Mond zugewandt ist. In Wirklichkeit überlagern sich die vom Mond und von der Sonne hervorgerufenen Gezeiten. Bild 1.17 vermittelt in einem Ausschnitt die Folgen dieser Überlagerung. Die resultierenden Flutberge sind nicht genau zum Mond hin bzw. von ihm fortgerichtet. Die Erde nimmt bei ihrer Rotation infolge der vorhandenen Reibung die Wassermassen ein wenig mit.

Aus dieser Tatsache kann man schon rein qualitativ eine interessante Folgerung ableiten. Prinzipiell, wenn auch sehr vergröbert, gibt Bild 1.18 die Verhältnisse wieder.

Der Mond braucht länger für einen Umlauf um die Erde als die Erde für eine Rotation. Der Mond bleibt also hinter den Flutbergen zurück. Die in den Flutbergen enthaltenen Massen m_1 und m_2 wirken auf den Mond: m_1 beschleunigend, m_2 verzögernd. Die Wirkung von m_1 ist größer, da der Abstand kleiner ist. Die Bahngeschwindigkeit des Mondes wächst also. Dadurch wächst auch sein Abstand von der Erde. Nun wirkt natürlich auch

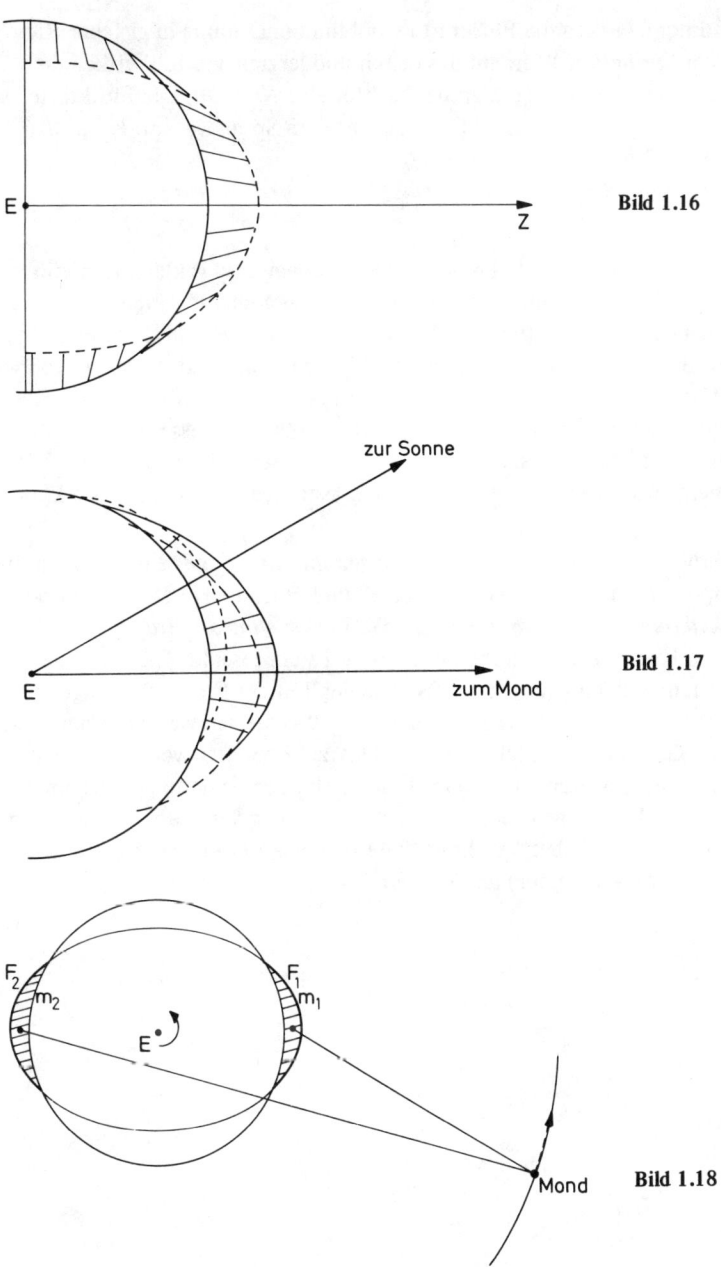

Bild 1.16

zur Sonne

Bild 1.17

zum Mond

Bild 1.18

der Mond auf die Massen m_1 und m_2. Er sucht m_1 zurückzuhalten und m_2 vorwärts zu treiben. Dadurch wird die Rotation der Erde gebremst (*säkulare Verlängerung des Tages*). Eine quantitative Betrachtung dieses Problems folgt unter Benutzung des Satzes von der Erhaltung des Drehimpulses in Abschnitt 2.2.5.

Bei Vollmond und Neumond wirken die Flutkräfte von Mond und Sonne in gleicher Richtung. Es kommt zu einer *Springflut*. Während des ersten und letzten Viertels wirken die Flutkräfte in entgegengesetzter Richtung. Man beobachtet eine *Nippflut*. Die Flutkräfte von Mond und Sonne verhalten sich wie 2,2 : 1. Vergleicht man Springflut mit Nippflut, so bekommt man das Verhältnis

$$(2,2 + 1) : (2,2 - 1) = 2,\overline{6} = 8 : 3.$$

Die Existenz der zwei Flutberge ist durch die bisherigen Überlegungen geklärt. Es bleibt aber die Frage, auf welche Weise eine im Verhältnis zur Erdanziehung sehr kleine Kraft so hohe Flutberge erzeugen kann, wie sie an vielen Stellen beobachtet werden. Eine sehr hohe Flut tritt z. B. im Bristolkanal auf. Dort kann der Höhenunterschied zwischen Hoch- und Niedrigwasser – Gezeitenhub – bis zu 12 m betragen. Bei St. Malo in Nordfrankreich mündet die Rance. In diesen Fluß strömen bei Flut bis zu 18 000 m³ Wasser in einer Sekunde. Das führt zu einem Höhenunterschied von 13,5 m zwischen Ebbe und Flut. Die dabei auftretenden Energien werden in einem 1966 fertiggestellten Gezeitenkraftwerk zum Teil genutzt.

Aus den Bildern 1.14 und 1.15 geht hervor, daß die Gezeitenkräfte immer eine Horizontal- und eine Vertikalkomponente haben. In den Punkten A und B ist die Horizontalkomponente Null. *Die Vertikalkomponente ruft eine elastische Verformung der Erde hervor.* Die feste Erdoberfläche wird bis zu 26 cm gehoben und bis zu 13 cm gesenkt. Die vertikale Komponente der Gezeitenbeschleunigung kann als variabler Teil der Erdbeschleunigung betrachtet werden. Diese Variation kann trotz ihrer Kleinheit gemessen werden. Dazu kann z. B. der Unterschied im Gang einer Pendel- und einer Quarzuhr benutzt werden. Mit einem von den Askania-Werken entwickelten Gravimeter lassen sich noch Änderungen bis hinab zu 10^{-7} m s^{-2} messen. Aus Gl. 1.21 geht hervor, daß die Änderung der Erdbeschleunigung durch die Gezeiten etwa 10^{-6} m s^{-2} beträgt. Eine Änderung dieser Größe tritt auch dann ein, wenn man das Meßgerät (Gravimeter) um 32,5 cm hebt.

Herleitung:

$$g = G \cdot \frac{m_E}{R^2}$$

$$\Delta g = -2\,G \cdot \frac{m_E}{R^3} \cdot \Delta R$$

$$\Delta R = -\frac{R^3}{2\,G m_E} \cdot \Delta g$$

$$\Delta R = -\frac{(6,37 \cdot 10^6)^3}{2 \cdot 6,673 \cdot 10^{-11} \cdot 5,976 \cdot 10^{24}}\,(-1,0 \cdot 10^{-6})\ \text{m}$$

$$\Delta R \approx +0,324\ \text{m}.$$

Für die Flutberge sind die Horizontalkomponenten der Gezeitenkräfte verantwortlich. Das Wasser wird nicht durch die Vertikalkomponenten gehoben. Dafür sind diese zu schwach. Das Wasser wird durch die Horizontalkomponenten geschoben. Dabei entwickeln sich beachtenswerte Strömungsgeschwindigkeiten. Sie können an der Oberfläche der Meere bis zu 15 km/h betragen.

Bei den bisherigen Überlegungen ist eine Reihe von Faktoren nicht berücksichtigt worden, die schließlich zu der sehr komplizierten Erscheinung von Ebbe und Flut führen: innere Reibung des Wassers, Reibung zwischen Wasser und Meeresboden, Meeresströmungen, Meerengen und Verlauf der Küste, Trägheits- und Corioliskräfte und Resonanzerscheinungen.

Die Horizontalkomponenten bewirken auch eine Lotabweichung. Trotz ihrer Kleinheit ist diese heute meßbar. Der maximale Winkel zwischen der ungestörten und der gestörten Erdbeschleunigung beträgt 0,02 Bogensekunden. Bei einem Pendel von 1 m Länge entspricht das einer am Ende des Pendels gemessenen Ablenkung von 10^{-7} m. Mit einem äußerst empfindlichen Gerät lassen sich noch Abweichungen von 10^{-9} m = 1 nm messen.

Auch *die Lufthülle der Erde steht unter dem Einfluß der Gezeitenkräfte.* Die vom Mond verursachten Druckschwankungen betragen im günstigsten Fall ($\varphi = 0°$) etwa $3,2 \cdot 10^{-2}$ mbar = 3,2 Pa. Die unperiodischen Druckschwankungen, die bei Wetterveränderungen auftreten, liegen in der Größenordnung von 20 mbar = $2 \cdot 10^3$ Pa, sind also über 600 mal so groß wie die periodischen, durch den Mond verursachten Schwankungen. Man kann die unperiodischen Schwankungen als Rauschen, die periodischen als das gesuchte Signal bezeichnen. Auf den ersten Blick scheint es unmöglich, Signal und Rauschen zu trennen. Und doch ist es *S. Chapman* 1918 gelungen, aus einer 64-jährigen Beobachtungsreihe für Greenwich die durch den Mond verursachte Druckschwankung nachzuweisen. Es ergab sich eine Amplitude von $1,3 \cdot 10^{-2}$ mbar = 1,3 Pa.

Bemerkungen:

1. Die erste Theorie der Gezeiten stammt von *Laplace* (1749–1827).
2. Es gibt periodische Druckschwankungen in der Atmosphäre, die 10 mal so stark sind wie die vom Mond hervorgerufenen. Sie werden von der Sonne verursacht, sind aber nicht auf Gezeitenkräfte zurückzuführen.
3. Über die Gezeitenreibung wird im Zusammenhang mit dem Drehimpuls gesprochen.

Aufgabe:

Wie verhalten sich die fluterzeugenden Kräfte des Mondes zueinander, wenn der Mond einmal im Perigäum seiner Bahn – a = 356 400 km –, ein anderes Mal im Apogäum – a = 406 700 km – steht?

1.2.6 Die Ringe des Saturns

Mit den in Abschnitt 1.2.5 gewonnenen Erkenntnissen ist es leicht zu verstehen, wie die Saturnringe entstanden sein können.

Der erste, der die Ringe des Saturns gesehen hat, war *Galilei* (1610). Er hat ihre wahre Natur aber nicht erkannt. Damals schrieb er: „Ich habe den äußersten Planeten dreifach gesehen". Er meinte, der Planet sehe aus wie eine Kugel, die auf beiden Seiten von zwei kleineren Kugeln berührt werde: „Wie zwei Diener, die einen alten Herrn stützen."

1612 war der Ring nicht zu sehen. Die Erde stand in der Ringebene, und der Ring ist weniger als 20 km dick. Galilei wunderte sich: „Was soll man über eine derartig seltsame Metamorphose sagen? Hat der Saturn vielleicht seine eigenen Kinder verschlungen?" Erst *Chr. Huygens* erkannte im Jahr 1656 die wahre Natur der Ringe. Um sich die Priorität seiner Erkenntnis zu sichern, verschlüsselte er diese zunächst in einem Anagramm. Richtig gelesen lautet dieses: *„Saturn wird von einem dünnen, ebenen, nirgends mit dem Planeten zusammenhängenden, gegen die Ekliptik geneigten Ring umgeben."*

In Wirklichkeit handelt es sich um ein System mehrerer Ringgruppen. Die Zahl der Einzelringe der Gruppen geht in die Tausende, ja Hunderttausende. Die seit dem Vorbeiflug von Pioneer 11 an Saturn am 01.09.1979 vermutete Anzahl von sieben Ringgruppen — mit großen Buchstaben von A bis G bezeichnet — ist inzwischen durch Untersuchungen der Voyager-Sonden am 12.11.1980 bzw. 25.08.1981 bestätigt worden. Die beiden hellsten, mit A und B bezeichneten Gruppen waren schon im 17. Jahrhundert bekannt. 1838 entdeckte neben anderen *Galle* den sehr zarten C-Ring, der auch Flor- oder Kreppring genannt wird. Die Ringgruppe D (innerhalb von C) ist von der Erde aus 1969 entdeckt worden. Pioneer- und Voyager-Aufnahmen ergänzten das System außerhalb von A durch die Gruppen F, G und E. Tabelle 1.12 gibt einen Überblick über die Ringgruppen und die Teilungen (zum Vergleich: der Radius von Saturn beträgt 60 000 km).

Tabelle 1.12: *Saturnringe*

Ringgrupper oder Teilung	innerer	mittlerer	äußerer	Breite in km
D	67 000		72 000	
Guerin-Teilung				1 200
C	73 200		91 700	
B	91 700		117 500	
Cassini-Teilung				3 500
A	121 000		136 200	
Encke-Keeler-Teilung		133 000		350
F		140 600		
G		170 000		
E	181 000		480 000	

Die von der Erde aus geschätzte Dicke von etwa 15 km mußte deutlich nach unten korrigiert werden: heute gelten 500 m als Maximalwert. Damit hat sich auch die Abschätzung der Gesamtmasse geändert. Sie liegt zwischen 10^{19} kg und 10^{21} kg (Masse des Erdmondes: $73,5 \cdot 10^{21}$ kg).

Die Saturnringe bestehen aus einem Schwarm einzelner Partikel, von denen jedes den Planeten nach den Keplerschen Gesetzen umläuft. Schon in der Mitte des 19. Jahrhunderts hat *J. C. Maxwell* auf mathematischem Wege nachgewiesen, daß sie aus einer Vielzahl voneinander getrennter Teilchen bestehen müssen.

Wenn die Ringe aus sehr vielen Einzelteilchen bestehen, dann müssen die äußeren eine geringere Bahngeschwindigkeit haben als die inneren. Diese Tatsache läßt sich mit Hilfe des Doppler-Effekts nachweisen (siehe Abschnitt 4.1.2). Der Nachweis ist erstmals dem ameri-

kanischen Astronomen. *J. E. Keeler* im Jahre 1895 geglückt. Im übrigen wurde die heute
bekannte und gesicherte Ansicht über die Beschaffenheit der Ringe schon früh geäußert.
Cassini z.B. zog die Möglichkeit einer großen Anzahl unabhängiger Teilchen in Betracht,
und in einem „Lehrbuch einer für Schulen faßlichen Naturlehre" aus dem Jahre 1796
findet man den Satz: *„Man hält den Ring des Saturns für eine Menge nahe beeinander be-
findlicher Saturntrabanten."*

Aufschlüsse über die Größe der Teilchen erhält man aus der Reflexion oder Streuung
elektromagnetischer Strahlung verschiedener Wellenlänge. So findet starke Reflexion
statt, wenn Teilchendurchmesser und Wellenlänge in derselben Größenordnung sind.
Mit Radarmessungen (Wellenlänge 12,6 cm) konnten so 1973 zuverlässige Aussagen über
die Partikelgröße der A- und B-Ringe gewonnen werden. Mit den Voyager-Sonden ließen
sich dann Streuexperimente durchführen:

1. Die Sonden strahlten Radiowellen aus, die auf dem Weg zum Empfänger auf der Erde
   von der Ringmaterie gestreut wurden.

2. Mit den Sonden wurde das von den Ringen gestreute Sonnenlicht analysiert.

So ermittelte man für die inneren Ringgruppen A bis D 10 cm als typischen Teilchendurchmesser bei Maximalwerten bis zu 10 Metern. Die maximale Teilchengröße bei den
äußeren Ringgruppen F, G und E beträgt einige Millimeter, typisch ist jedoch nur ein
Wert von einigen tausendstel Millimetern.

Die Partikel der Ringe A bis C müssen z.T. aus Wassereis bestehen oder mit Eis über-
zogenes Gestein sein. Dafür spricht die Absorption bestimmter Wellenlängen im infraroten
Licht. Die rötliche Färbung läßt auf eingelagerten eisenoxidhaltigen Staub oder kom-
plexere Schwefelverbindungen schließen.

Eine Theorie zur Entstehung der Saturnringe. Man denke sich einen Mond mit dem
Radius r, der eine Kreisbahn mit dem Radius a um den Saturn beschreibt. Der Mond soll
eine gebundene Rotation besitzen, d.h. er soll dem Planeten immer dieselbe Seite zu-
wenden, wie es z.B. beim Erdmond der Fall ist. Die differentiellen Gravitationskräfte
auf eine Masse μ in den Punkten A und B betragen

$$\pm \, 2 \cdot Gm_{\hbar} \cdot \frac{\mu \cdot r}{a^3} \qquad \text{(siehe Gl. (1.20a/b)).}$$

Für irgendeinen Punkt auf der Verbindungslinie von A und B, der sich im Abstand ρ vom
Mittelpunkt M des Mondes befindet, gilt entsprechend

$$\pm \, 2 \cdot Gm_{\hbar} \cdot \frac{\mu \cdot \rho}{a^3} \qquad \text{(siehe Abb. 1.19).}$$

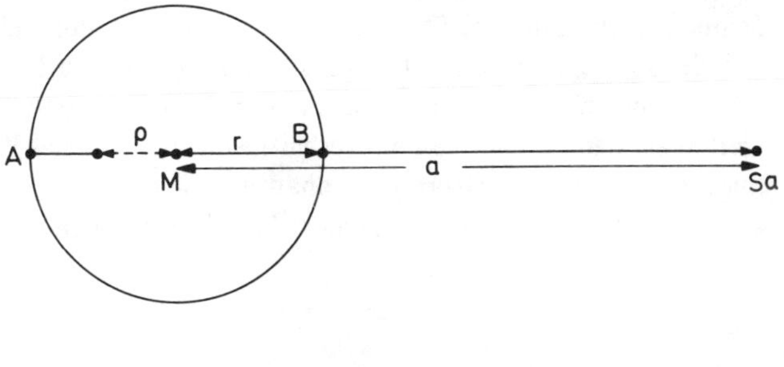

Bild 1.19

Für den Mittelpunkt des Mondes gilt die Beziehung

$$G \cdot \frac{m_{\hbar} \cdot \mu}{a^2} = \frac{4 \pi^2 \mu \cdot a}{T^2}. \tag{1.27}$$

In A ist die Gravitationskraft auf eine Masse μ um $2 \cdot G \dfrac{m_{\hbar} \mu r}{a^3}$ kleiner, die Zentrifugalkraft bei gebundener Rotation aber um $G \cdot \dfrac{m_{\hbar} \mu r}{a^3}$ größer als die in Gl. (1.27) auf der rechten Seite angegebene. Das letztere ergibt sich folgendermaßen: In A herrscht die Zentrifugalkraft

$$\frac{4 \pi^2 \mu (a + r)}{T^2} = \frac{4 \pi^2 \mu a}{T^2} + \frac{4 \pi^2 \mu r}{T^2}. \tag{1.28}$$

In dem zweiten Glied kann man nach Gl. (1.27) $\dfrac{4 \pi^2 \mu}{T^2}$ durch $G \cdot \dfrac{m_{\hbar} \mu}{a^3}$ ersetzen. Man erhält dann für den Betrag, um den die Zentrifugalkraft in A gegenüber der im Mittelpunkt vergrößert ist, den Ausdruck

$$G \cdot \frac{m_{\hbar} \mu r}{a^3}.$$

Insgesamt tritt also in A die Kraft

$$- 3 \, G \cdot \frac{m_{\hbar} \mu r}{a^3} \tag{1.29a}$$

auf, die vom Saturn fortgerichtet ist. Entsprechend erhält man für B

$$+ 3 \, G \cdot \frac{m_{\hbar} \mu r}{a^3}, \tag{1.29b}$$

d.h. eine Kraft, die zum Saturn hingerichtet ist. Für Punkte auf AB im Abstand ρ vom Mittelpunkt gilt

$$\pm 3 \, G \cdot \frac{m_{\hbar} \cdot \mu \cdot \rho}{a^3}. \tag{1.29c}$$

Diesen zerrenden Kräften stehen die Kräfte des inneren Zusammenhangs entgegen. Das sind die Kohäsionskräfte und die Eigengravitation, d.i. die Anziehungskraft, die jeder Teil des Mondes auf jeden anderen ausübt. In Kapitel 3 wird gezeigt, wie man zu Aussagen über die Oberflächentemperatur eines Planeten oder eines seiner Monde kommen kann. Für die Saturnmonde werden maximale Temperaturen zwischen 88 K und 122 K angegeben (Landolt-Börnstein). Besitzen Körper nicht nur an der Oberfläche, sondern auch im Inneren Temperaturen in diesem Bereich, dann können sie schon bei geringen Beanspruchungen zerfallen (siehe Versuche mit Gegenständen, die auf die Temperatur flüssiger Luft abgekühlt worden sind). Sieht man aus diesem Grunde in erster Annäherung von den Kohäsionskräften ab, dann erhält man ein verhältnismäßig einfaches Problem. Man kann sich statt eines Mondes eine kugelförmige Anhäufung vieler einzelner Teile vorstellen. Es soll aber weiterhin der Kürze wegen von einem Mond gesprochen werden.

m sei die Gesamtmasse des Mondes. Dann übt der Mond auf eine Masse μ in A oder B die Anziehung $G \cdot \dfrac{m \cdot \mu}{r^2}$ aus. Der Einfachheit halber sei angenommen, daß die Dichte des Mondes homogen ist. Dann ist die zum Mittelpunkt hingerichtete Kraft auf eine Masse μ im Abstand ρ vom Mittelpunkt $G \cdot \dfrac{m \cdot \mu \cdot \rho}{r^3}$.

Herleitung dieser Beziehung:

Auf eine Masse μ im Abstand ρ vom Mittelpunkt wirkt nur die Masse m_ρ, die sich innerhalb der Kugel mit dem Radius ρ befindet, während sich die Kräfte aller Massenelemente in der äußeren Kugelschale aufheben. Für die Masse m_ρ gilt

$$\frac{m_\rho}{m} = \frac{\rho^3}{r^3} \quad \text{oder} \quad m_\rho = \frac{\rho^3}{r^3} \cdot m.$$

Damit erhält man

$$G \cdot \frac{m_\rho \cdot \mu}{\rho^2} = G \cdot \frac{m \, \rho^3 \cdot \mu}{\rho^2 \, r^3} = G \cdot \frac{m \, \mu \rho}{r^3}.$$

Vergleicht man die nach außen wirkenden Kräfte mit denen, die für den Zusammenhalt der kugelförmigen Ansammlung von Teilchen verantwortlich sind, so kommt man zu der *Stabilitätsbedingung*

$$G \cdot \frac{m \cdot \mu}{r^2} \geqslant 3 \, G \cdot \frac{m_\hbar \cdot \mu \cdot r}{a^3} \tag{1.30a}$$

bzw.

$$G \cdot \frac{m \cdot \mu \cdot \rho}{r^3} \geqslant 3 \, G \cdot \frac{m_\hbar \cdot \mu \cdot \rho}{a^3}. \tag{1.30b}$$

Aus beiden Beziehungen folgt

$$a \geqslant r \cdot \sqrt[3]{3 \cdot \frac{m_\hbar}{m}}. \tag{1.31}$$

Dieser Bedingung kann man eine etwas andere Form geben, wenn man die mittlere Dichte des Saturns $\overline{\rho}_\hbar$ und die des Mondes ρ einführt:

$$a \geqslant R \cdot \sqrt[3]{3 \cdot \frac{\overline{\rho}_\hbar}{\rho}}. \tag{1.32a}$$

R ist der Radius des Saturns. Der Radius des Mondes fällt heraus.

$$a \geqslant 1{,}44 \cdot R \cdot \sqrt[3]{\frac{\overline{\rho}_\hbar}{\rho}}. \tag{1.32b}$$

Exaktere Überlegungen, die u. a. die Deformation des umlaufenden Körpers berücksichtigen, führen zu dem Faktor 2,45 statt 1,44.

Bezeichnet man allgemein die mittlere Dichte eines zentralen Körpers mit $\bar{\rho}$, die eines umlaufenden mit $\bar{\rho}'$, so gilt – nicht nur für den Saturn –

$$a \geqslant 2{,}45 \cdot R \cdot \sqrt[3]{\frac{\bar{\rho}}{\bar{\rho}'}}. \qquad (1.33)$$

Die Entfernung $a = 2{,}45 \cdot R \cdot \sqrt[3]{\frac{\bar{\rho}}{\bar{\rho}'}}$ nennt man die *Rochesche Grenze.*

Man erkennt also, daß ein Mond, der wegen der tiefen Temperaturen keine (wesentlichen) Kohäsionskräfte besitzt, zerrissen wird, wenn er dem Planeten zu nahe kommt. Eine Rochesche Grenze gibt es natürlich in der Umgebung eines jeden Körpers, der von einem anderen umlaufen wird.

Für die Saturnmonde werden Dichten zwischen $1{,}1$ g cm^{-3} und $1{,}9$ g cm^{-3} angegeben. Nimmt man an, daß der „ehemalige Mond", aus dem die Saturnringe entstanden sind, einen Durchmesser von $1\,000$ km und eine mittlere Dichte von $1{,}5$ g cm^{-3} hatte, dann kommt man zu einer Masse von $7{,}9 \cdot 10^{20}$ kg, die in den für die Saturnringe geschätzten Grenzen liegt. Für den Abstand vom Mittelpunkt des Saturns, der nicht unterschritten werden darf, wenn der angenommene Mond nicht zerrissen werden soll, ergibt sich nach Gl. (1.31)

$$a = 5 \cdot 10^5 \cdot \sqrt[3]{\, 3 \cdot \frac{5{,}7 \cdot 10^{26}}{7{,}9 \cdot 10^{20}}} \; m \approx 6{,}5 \cdot 10^4 \text{ km}$$

und nach der Gl. (1.33)

$$a = 2{,}45 \cdot 6 \cdot 10^7 \cdot \sqrt[3]{\frac{0{,}7}{1{,}5}} \; m \approx 11{,}4 \cdot 10^4 \text{ km}$$

Der äußere Halbmesser des A-Ringes ist $13{,}6 \cdot 10^4$ km.

Nach Gl. (1.33) wächst die Rochesche Grenze mit abnehmender Dichte des Mondes. Für $\bar{\rho}' = 1$ g cm^{-3} erhält man $a \approx 2{,}2$ R, also bei Saturn $a \approx 132\,000$ km. Auf einer Bahn mit $137\,670$ km Radius bewegt sich der 1980 durch Voyager 1 entdeckte 15. Mond des Saturn, der inzwischen den Namen Atlas erhielt. Man vermutet, daß seine Gravitationswirkung für die scharfe Außenseite des A-Ringes verantwortlich ist. Der weiter außen liegende F-Ring wird durch zwei neuentdeckte Monde abgegrenzt: innen durch Prometheus ($139\,350$ km) und außen durch Pandora ($141\,700$ km). Die Suche nach weiter innen liegenden Monden als Atlas, die man für die Ausbildung von Spalten im Ringsystem hätte verantwortlich machen können, blieb erfolglos.

Es ist noch zu überlegen, wieso aus einer kugelförmigen, lockeren Anhäufung von Teilchen ein Ring wird. Der Einfachheit halber stelle man sich vor, daß die Kohäsionskräfte plötzlich aufhören zu wirken. Die Teilchen im Mittelpunkt der Trümmerwolke bewegen sich gerade so schnell, daß die Anziehungskraft des Saturns durch die Zentrifugalkraft aufgehoben wird. Die Teilchen in A bewegen sich bei der angenommenen gebundenen Rotation zu schnell, die in B zu langsam, um im Gleichgewicht mit den Gravitationskräften zu sein. Die Teilchen in A und B werden also Ellipsenbahnen beschreiben. Daß hierdurch im Laufe der Zeit eine Verteilung über einen breiten Ring erfolgt, kann in großen Zügen aus Bild 1.20

entnommen werden. In ihm sind die Bahnen für Teilchen angegeben, die sich ursprünglich in A bzw. B befanden. Hat der Schwerpunkt der Trümmerwolke gerade einen halben Umlauf vollendet, haben Teilchen, die von A und B kommen, die Punkte A′ und B′ erreicht. Stöße der Partikel untereinander und der Einfluß gegenseitiger Anziehung führen ebenfalls zu einer Ringverbreiterung. So überholt wegen der höheren Geschwindigkeit ein Brocken einen anderen, der sich auf einer äußeren Bahn befindet, und beschleunigt ihn bei diesem Überholvorgang, während er selbst dabei abgebremst wird. Der schneller gewordene äußere Brocken erreicht einen größeren Abstand vom Planeten, der innere wird näher an den Planeten herangezogen, bis jeweils die Gravitationskraft der Zentripetalkraft gleich ist. Die Verteilung auf einen verhältnismäßig dünnen Ring ist nicht so einfach zu erklären.

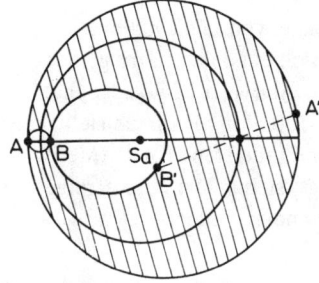

Bild 1.20

Tabelle 1.13

Saturnmond	Umlaufzeit des Mondes T_M	$\dfrac{T_M}{T_C}$
Mimas	0,942 d	2,0
Enceladus	1,370 d	2,9
Thetis	1,888 d	4,0
Dione	2,737 d	5,8

Eine Erklärung für die Existenz der Cassinischen Teilung. Sollte sich ein Körper in der Cassinischen Teilung befinden, dann muß er eine bestimmte Umlaufszeit besitzen. Diese berechnet sich aus

$$\frac{4\,\pi^2\,a}{T^2} = G \cdot \frac{m_\hbar}{a^2} \qquad \text{zu} \qquad T_C = 2\,\pi\,\sqrt{\frac{a^3}{G \cdot m_\hbar}}. \qquad (1.34)$$

Für die inneren Randgebiete der Cassinischen Teilung ist a = 1,17 · 10⁸ m. Damit wird T_C = 4,077 · 10⁴ s = 0,472 d. Vergleicht man diese Zeit mit den Umlaufszeiten einiger Saturnmonde, so ergibt sich die interessante Tabelle 1.13.

Körper die aus irgendeinem Grund einmal in die Cassinische Teilung geraten, erfahren also regelmäßig nach zwei Umläufen starke Störungen durch Mimas, nach etwa drei Umläufen durch Enceladus usw. Sie werden dadurch schnell wieder aus dem Bereich der Cassinischen Teilung herausgetrieben. Ganz materiefrei ist die Cassinische Teilung allerdings nicht. Auf Voyager-2-Bildern wurden über 100 Einzelringe gezählt. Es zeigt sich also, daß unser Modell zu einfach ist, um die tatsächlichen Verhältnisse richtig zu beschreiben.

Ringsysteme anderer Planeten Am 10. März 1977 bedeckte Uranus einen Stern 9. Größe in der Waage. Bei der photometrischen Beobachtung dieser Bedeckung von 5 erdgebundenen und einem fliegenden Observatorium aus wurde festgestellt, daß der Uranus von Ringen umgeben sein muß.

Aus diesen Beobachtungen schloß man zunächst auf ein System von fünf Ringen. Inzwischen sind zehn Ringe bzw. Ringgruppen bekannt. Der Halbmesser des innersten Ringes beträgt 41 900 km, der des äußersten 51 200 km, was etwa dem doppelten Uranusradius entspricht. Auf Voyager-2-Aufnahmen zeigten sich weiter außen Teile eines elften Ringes. Die Gesamtmasse wird auf 10^{15} kg bis 10^{17} kg geschätzt.

Jupiter: Aus einem Abstand von $1,2 \cdot 10^6$ km fotografierte Voyager 1 am 4. März 1979 einen bis dahin nur vermuteten Ring um Jupiter. Die Existenz des Rings wurde am 10. Juli 1979 durch Voyaer 2 bestätigt. Der Ring wurde schließlich auch durch Aufnahmen im Infaroten bei 2,2 µm nachgewiesen.

Er ist höchstens einige km dick, hat einen maximalen Halbmesser von 129 200 km ($\approx$ 1,81 Jupiterradien) und ist 6 400 km breit. Nach innen schließt sich ein Sekundärring an, der bis zur Wolkendecke des Jupiter reicht. Eine nachträgliche Auswertung von Voyager-Bildern ergab die Existenz eines äußeren Ringes, der bei 160 000 km maximale Helligkeit zeigt und bis 210 000 km ausgedehnt ist. Die Bahnen der drei innersten Monde (Metis, Adrastea und Amalthea) verlaufen also innerhalb des Ringsystems. Die Jupiterringe bestehen überwiegend aus sehr kleinen Teilchen (im Mikrometer-Bereich), seine Gesamtmasse ist sehr schwer zu schätzen.

Das Ringsystem des Jupiters ist von einem Halo umgeben, einem Saum aus winzig kleinen Partikeln. Dieser Saum ist bis zu 20 000 km quer zur Ringebene ausgedehnt.

Neptun: Nach Beobachtungen einer Beinahe-Sternbedeckung durch Neptun im Juli 1984 durch zwei voneinander unabhängige Gruppen auf La Silla (Europäisches Südobservatorium) und Cervo Tololo (Interamerikanisches Observatorium) – beide in Chile – gilt auch ein Ring oder Ringsystem um Neptun als wahrscheinlich. Im Abstand von 3 Neptunradien nahm die Intensität des Sternlichtes für weniger als 2 s um bis zu 35 % ab. Ein dritter Neptunmond wird als Ursache hierfür weitgehend ausgeschlossen. Auf eine endgültige Bestätigung durch Voyager 2 beim Vorbeiflug am Neptun am 25.08.1989 darf man gespannt sein.

Den Ringsystemen des Jupiters, Saturns und Uranus ist gemeinsam, daß der Massenschwerpunkt weit innerhalb der Rocheschen Grenze liegt. Neue Berechnungen haben gezeigt, daß das Zerbersten eines Mondes aus fester Materie wegen der Bindungskräfte nur in bedeutend geringerer Entfernung vom Planeten möglich ist, als es mit dem Rocheschen Ansatz berechnet wurde. So spricht eine zweite Theorie zur Entstehung der Ringe von einer Zerstörung eines Mondes durch den Zusammenstoß mit einem Riesenmeteor. Am wahrscheinlichsten gilt jedoch heute, daß sich die Ringe beim Schrumpfen des noch jungen Planeten aus Material der Hülle innerhalb der Rocheschen Grenze ausgebildet haben – im gleichen Zeitraum, in dem auch die Monde weiter außerhalb entstanden sind.

1.2.7 Doppelsterne – Massenbestimmung von Sternen

Die Anzahl der Doppel- und Mehrfachsysteme wird mit rund 25 % angegeben. Die Anzahl der Fixsterne, die einem doppelten oder mehrfachen System angehören, ist demnach etwa genau so groß wie die Anzahl der Einzelsterne. Doppelsterne bieten die Möglichkeit, die Massen einiger Fixsterne zu bestimmen. Auch hier braucht man das 3. Kepler-Gesetz in der Newtonschen Fassung. Die Größen, die sich auf einen Stern beziehen, sollen mit * gekennzeichnet werden. Es gilt

$$m_{1*} + m_{2*} = \frac{4\pi^2}{G} \cdot \frac{a_*^3}{T_*^2} . \tag{1.35}$$

Benutzt man für G den Wert $6{,}673 \cdot 10^{-11}$ m³ kg⁻¹ s⁻², dann muß man a_* in Metern und T_* in Sekunden messen. Man kann sich davon frei machen, wenn man das 3. Kepler-Gesetz für das System Erde-Mond und Sonne hinzuzieht:

$$m_\odot + m_E + m_{Mo} = \frac{4\pi^2}{G} \cdot \frac{a^3}{T^2} . \tag{1.36}$$

Durch Division erhält man

$$\frac{m_{1*} + m_{2*}}{m_\odot + m_E + m} = \left(\frac{a_*}{a}\right)^3 \cdot \left(\frac{T}{T_*}\right)^2 . \tag{1.37}$$

Wählt man die astronomische Einheit als Längeneinheit, ein Jahr als Zeiteinheit, die Masse der Sonne als Masseneinheit und vernachlässigt vernünftigerweise die Massen der Erde und des Mondes, so erhält man für Untersuchungen im Bereich der Fixsterne eine einfache Beziehung, die meist in folgender Form geschrieben wird:

$$m_{1*} + m_{2*} = \frac{a_*^3}{T_*^2} . \tag{1.38}$$

Dabei sind alle Größen *dimensionslose Zahlen*. $\frac{a_*^3}{T_*^2}$ *gibt die Maßzahl für die Massensumme eines Doppelsterns in Einheiten der Sonnenmasse an.* Um die Masse eines Doppelsternsystems berechnen zu können, muß man also die mittlere Entfernung der beiden Komponenten in astronomischen Einheiten und ihre Umlaufzeit in Jahren ermitteln. Wenn die Umlaufzeit nicht zu groß ist – oft beträgt sie viele 100 Jahre – kann man sie durch Beobachtung recht genau bestimmen. Aus Bild 1.21 entnimmt man, wie $\frac{a_*}{a}$ bzw. a_* zu ermitteln ist.

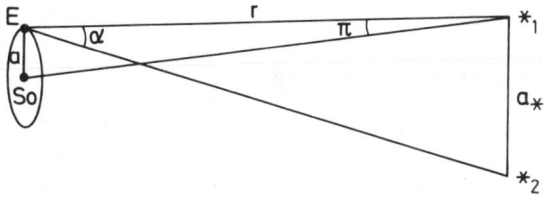

Bild 1.21

Es gilt, wenn r die Entfernung des Doppelsterns von der Erde (oder Sonne) ist:

$$\tan\alpha \approx \alpha = \frac{a_*}{r}; \quad \alpha'' = 206\,265\,\frac{a_{*}{}^{1)}}{r} \tag{1.39a}$$

$$\tan\pi \approx \pi = \frac{a}{r}; \quad \pi'' = 206\,265\,\frac{a}{r}. \tag{1.39b}$$

Schreibt man a_*'' statt α'', so erhält man schließlich

$$\frac{a_*}{a} = \frac{a_*''}{\pi''}. \tag{1.40}$$

Man muß also außer der Distanz der Komponenten in Bogensekunden auch die Parallaxe des Doppelsterns kennen, den Winkel, unter dem vom Stern aus gesehen die Halbachse der Erdbahn erscheint. Die Parallaxe ist ein Maß für die Entfernung eines Sterns. Es gilt

$$r = 206\,265\,\frac{a}{\pi''}. \tag{1.41}$$

Dabei sind r und a in der gleichen Einheit zu messen. *Als Einheit für Entfernungen im Bereich der Fixsterne hat man die Entfernung gewählt, aus der die astronomische Einheit unter dem Winkel von* $1''$ *erscheint. Diese Einheit heißt Parsec* (Parallaxen-Sekunde).

Es gilt also

$$1\ \mathrm{pc} = 206\,265\ \mathrm{AE}$$
$$= 3{,}086 \cdot 10^{16}\ \mathrm{m}.$$

Die größte Parallaxe wurde bisher bei Proxima Centauri mit $\pi'' = 0{,}765''$ gemessen.

Beispiele:

1. η-Cas:[2]) $a_*'' = 11{,}99''; \quad \pi'' = 0{,}170''; \quad T = 480\,a$

$$a_* = \frac{11{,}99''}{0{,}17''}\ \mathrm{AE} = 70{,}53\ \mathrm{AE}$$

$$m_{1*} + m_{2*} = \frac{70{,}53^3}{480^2}\ \mathrm{Sonnenmassen} = 1{,}52\ m_\odot$$

---

[1]) 206 265 ist der Umrechnungsfaktor vom Bogenmaß zu Winkelsekunden:

$$\alpha'' = \alpha° \cdot 3\,600 = \frac{180}{\pi} \cdot 3\,600 \cdot \widehat{\alpha}$$

[2]) Zur Bezeichnung: siehe Anhang A1, Stichwort „Sterne"

2. Sirius A und B: $a''_* = 7,62''$; $\pi'' = 0,375''$; T = 50,3 a

$$a_* = \frac{7,62''}{0,375''} \text{ AE} = 20,320 \text{ AE}$$

$$m_{1*} + m_{2*} = \frac{20,320^3}{50,3^2} \text{ Sonnenmassen} = 3,32 \, m_\odot$$

Weitere Beispiele können der Tabelle 1.14 entnommen werden.

Tabelle 1.14

Stern	a $''$	T a	π $''$	$m_{1*} + m_{2*}$ in $m_\odot$
α-Cen	17,66	80,1	0,751	2,03
Procyon	4,55	40,6	0,287	2,41
ξ-Boo	4,88	150	0,148	1,60
γ-And B	0,4	61,1	0,027	0,87
α-Gem	6,295	420,07	0,072	3,79
ξ-UMa	2,1	59,74	0,127	1,27

Da π'' mit der 3. Potenz in die Berechnung der Massensumme eingeht, erhält man nur für genügend nahe Sterne einigermaßen genaue Werte. In einer Tabelle findet man für γ-And statt $\pi'' = 0,013''$ z. B. den Wert $\pi'' = 0,005''$. Damit ergibt sich statt $m_{1*} + m_{2*} = 3,89 \, m_\odot$ der sehr viel größere Wert $m_{1*} + m_{2*} = 68,34 \, m_\odot$!

Bei visuellen Doppelsternen können beide Komponenten direkt durch ein Fernrohr oder auf photographischen Platten als getrennte Objekte gesehen werden. Man legt zunächst ein Koordinatensystem so, daß der Nullpunkt mit der helleren Komponente zusammenfällt und stellt die Bewegung der schwächeren Komponente gegen die hellere fest. Dabei ergibt sich eine Ellipse, die die Projektion der wahren Bahn auf eine Ebene senkrecht zur Blickrichtung ist (Bild 1.22). Die wahre Bahn und damit die wahre mittlere Distanz (in Bogensekunden) muß erst noch aus der Projektion gefunden werden. Auf die dazu notwendigen Beobachtungen und Berechnungen soll hier nicht eingegangen werden.

Kann man die Bewegung beider Komponenten um ihren Massenmittelpunkt durch Anschluß an ferne Hintergrundsterne beobachten, dann erhält man neben der Massensumme auch das Massenverhältnis:

$$\frac{m_{1*}}{m_{2*}} = \frac{a''_{2*}}{a''_{1*}} \quad \text{mit } a''_{1*} + a''_{2*} = a''_*. \tag{1.42}$$

Für α-Cen gilt z. B.

$$\frac{m_{1*}}{m_{2*}} = \frac{1,18}{1} \quad \text{und damit} \quad m_{1*} = 1,10 \, m_\odot \quad \text{und} \quad m_{2*} = 0,93 \, m_\odot$$

Der „Index cataloque of visual double stars" vom Lick-Observatorium, enthält alle Doppelsterne, für die bis 1960 Messungen vorlagen. Insgesamt werden 64 246 Systeme aufgeführt. Von etwa 1000 Systemen konnten bisher die Bahnen berechnet werden. Eine

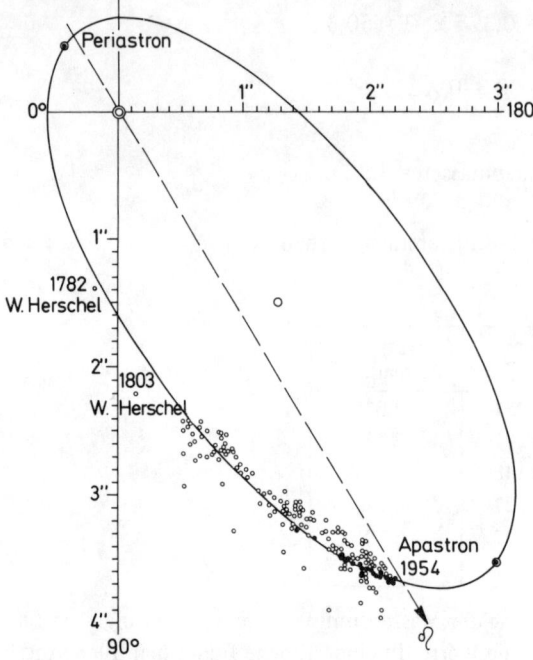

Bild 1.22

Scheinbare Bahn des visuellen Doppelsterns γ im Löwen nach Güntzel-Lingner. Nach photographischen Beobachtungen: Punkte, nach visuellen Beobachtungen: Kreise

einigermaßen genaue Massenbestimmung der Einzelsterne ist nur bei weniger als 50 Paaren gelungen. Wirklich gute Werte liegen nur für ein Dutzend Sterne vor.

Weitere und zwar indirekte Methoden zur Massenbestimmung aus der Masse-Leuchtkraftbeziehung können erst später besprochen werden (Ende des Abschnitts 3.2.4).

1.2.8 Die Masse der Milchstraße (Galaxis)

Das Milchstraßensystem nimmt den Raum einer flachen Scheibe mit einem Durchmesser von etwa 34 kpc ein. Die Sonne ist 8,5 kpc vom Zentrum entfernt. In Sonnennähe ist die Scheibe rund 1 kpc dick. Die Geschwindigkeit, mit der die Sonne sich um das Zentrum bewegt, ist 220 km s^{-1}. Alle Werte erheben keinen Anspruch auf höchste Genauigkeit. Hier sind die besten zur Zeit bekannten Werte angegeben. Mit ihnen kann man die Masse des Milchstraßensystems abschätzen, genauer die Masse innerhalb der Sonnenbahn. Das aber ist sicher der größte Teil.

Aus

$$\frac{m_\odot \cdot v^2}{r} = G \cdot \frac{m_\odot \cdot M_{Galaxis}}{r^2} \tag{1.42}$$

folgt

$$M_{Galaxis} = \frac{r \cdot v^2}{G}, \tag{1.43a}$$

$$M_{Galaxis} = \frac{8,5 \cdot 10^3 \cdot 3,09 \cdot 10^{16} \cdot 2,2^2 \cdot 10^{10}}{6,673 \cdot 10^{-11}} \text{ kg}. \tag{1.43b}$$

$$M_{Galaxis} = 1,9 \cdot 10^{41}\,kg,$$

$$M_{Galaxis} = \frac{1,9 \cdot 10^{41}}{2 \cdot 10^{30}}\,m_\odot = 9,5 \cdot 10^{10}\,m_\odot \ .$$

Genauere Berechnungen führen zu der gleichen Größenordnung. So wird in Landolt-Börnstein ein Wert von $2,3 \ldots 2,5 \cdot 10^{11}\,m_\odot$ genannt.

1.2.9 Die Dichte einiger Himmelskörper

Bei Kenntnis der Masse und des Durchmessers läßt sich die mittlere Dichte eines kugelförmigen Himmelskörpers berechnen. Ist die Abplattung merklich, dann müssen der äquatoriale und polare Durchmesser bekannt sein. Der Durchmesser läßt sich bestimmen, wenn der scheinbare Durchmesser (etwa in Bogensekunden) und die Entfernung bekannt sind. Der Durchmesser eines nicht selbst leuchtenden Körpers in unserem Sonnensystem kann aber auch aus der scheinbaren Helligkeit, der Entfernung und einem plausiblen Wert für das Rückstrahlvermögen (die Albedo) der Sonnenstrahlung geschätzt werden.

Die Durchmesser der 4 Galileischen Jupitermonde konnten von der Erde aus durch Mikrometer-messungen ermittelt werden. Dagegen mußte man die Größe der anderen von der Erde aus sichtbaren Monde (V–XIV) aus ihren scheinbaren Helligkeiten schätzen. Nimmt man z.B. für den Mond V (Amalthea) das gleiche Rückstrahlvermögen wie für die hellen Monde Jo und Europa an, so erhält man als Durchmesser 120 km. Mit der geringeren Albedo von Ganymed oder Kallisto ergibt sich der Wert von 240 km. Der letzte Wert kommt der wirklichen Größe näher, denn die von Voyager gelieferten Daten lauten:

$$270\,km \times 166\,km \times 150\,km.$$

Amalthea hat also keine Kugelgestalt. Entsprechend unsicher sind bei einigen Monden die mittleren Dichten, während die Massen der Jupitermonde aus gegenseitigen Störungen ziemlich genau bekannt sind.

Beispiele:

Tabelle 1.15

Mond	Durchmesser km	Masse 10^{22} kg	Mittlere Dichte g cm^{-3}
Erdmond	3746	7,35	3,34
Jupiter:			
Jo	3630	8,92	3,56
Europa	3140	4,86	3,00
Ganymed	5260	14,89	1,95
Kallisto	4800	10,63	1,84
Saturn			
Titan	5150	13,6	1,89
Neptun			
Triton	3800	(13,4)	(4,66)
Pluto			
Charon	(1200)	(0,16)	(1,8)

Tabelle 1.16

	Durchmesser in km äquatorialer polarer	mittlerer	Masse kg	Mittlere Dichte $g\,cm^{-3}$
Sonne	$1,392 \cdot 10^6$		$1,9891 \cdot 10^{30}$	1,409
Merkur	4 878	4 878	$3,302 \cdot 10^{23}$	5,43
Venus	12 104	12 104	$4,869 \cdot 10^{24}$	4,24
Erde	12 757 12 714	12 742	$5,974 \cdot 10^{24}$	5,52
Mars	6 794 6 755	6 781	$6,419 \cdot 10^{23}$	3,93
Jupiter	142 800 133 800	139 730	$1,899 \cdot 10^{27}$	1,33
Saturn	120 000 106 900	115 460	$5,684 \cdot 10^{26}$	0,70
Uranus	50 800 49 300	50 300	$8,698 \cdot 10^{25}$	1,27
Neptun	48 600 47 400	48 200	$1,028 \cdot 10^{26}$	1,71
Pluto		2 050...2 400	$(1,02...1,8) \cdot 10^{22}$	1,4...4,0

Tabelle 1.17

Riesenstern	Durchmesser in So-Durchmessern	Masse in So-Massen	Mittlere Dichte $g\,cm^{-3}$
Arctur α-Bootis	26	4	$3,2 \cdot 10^{-4}$
Aldebaran α-Tauri	45	4,5	$6,96 \cdot 10^{-5}$
Beteigeuze α-Orionis	730...1 000	20	$7,2 \cdot 10^{-8}...2,8 \cdot 10^{-8}$
ε-Aurigae	1 300	42	$2,8 \cdot 10^{-8}$

Tabelle 1.18

Weiße Zwerge	Durchmesser in So-Durchmessern	Masse in So-Massen	Mittlere Dichte $g\,cm^{-3}$
Sirius B	0,0078	1,02	$4,1 \cdot 10^6$
Procyon B	0,01	0,68	$1,3 \cdot 10^6$
Mittelwerte nach Landolt-Börnstein	0,012	0,52	$4 \cdot 10^5$

Bemerkungen:

Zu Tabelle 1.17: Beteigeuze ist ein veränderlicher Stern, halbregelmäßig, mit einer Periode von etwa 2070 Tagen. Die Helligkeit schwankt zwischen $0,4^m$ und $1,3^m$, der Radius zwischen den angegebenen Werten.

Zu Tabelle 1.18: Chandrasekhar und *Schwarzschild* haben den inneren Aufbau eines weißen Zwerges berechnet. Dabei haben sie die für den Prototyp angegebenen Werte benutzt. Als zentrale Dichte ergibt sich für diesen Prototyp $1,57 \cdot 10^7 \, \mathrm{g\,cm^{-3}}$. Sie ist nur um eine Zehnerpotenz größer als die mittlere Dichte.

Tabelle 1.19

	Durchmesser km	Masse in So-Massen	Mittlere Dichte g cm^{-3}
Neutronenstern	30	1	$1,4 \cdot 10^{14}$
	20	1	$4,8 \cdot 10^{14}$

Aufgaben:

1. Benutzen Sie die Tabellen 1.17 bis 1.19 zu Übungen!

2. Was für Dichten würden sich für Mars, Jupiter und Saturn ergeben, wenn man fälschlicherweise statt des mittleren Durchmessers den äquatorialen bzw. den polaren Durchmesser benutzen würde? Der mittlere Durchmesser ist gegeben durch $R_M = R_A \sqrt[3]{(1-a)}$, wobei a ein Maß für die Abplattung ist: $a = \dfrac{R_A - R_P}{R_A}$.

3. Die Tabellen 1.20 bis 1.23 geben nach Modellrechnungen eine Vorstellung von der Verteilung der Masse in verschiedenen Sternen. m_r ist die Masse innerhalb der Kugel mit dem Radius r. R ist der Radius des Sterns, m seine gesamte Masse.
   Berechnen Sie die mittlere Dichte in den Kugeln mit den Radien r und in den verschiedenen Kugelschalen. Stellen Sie die Ergebnisse graphisch dar!

Tabelle 1.20: Werte für den anfänglichen Zustand der Sonne. $m = m_\odot$

$\frac{r}{R}$	0,0	0,1	0,2	0,3	0,4	0,5	0,6	0,7	0,8	0,9	1,0
$\frac{m_r}{m}$	0,000	0,052	0,292	0,594	0,805	0,916	0,967	0,988	0,996	0,999	1,000

Tabelle 1.21: Werte für den gegenwärtigen Zustand der Sonne. $m = m_\odot$

$\frac{r}{R}$	0,0	0,1	0,2	0,3	0,4	0,5	0,6	0,7	0,8	0,9	1,0
$\frac{m_r}{m}$	0,0	0,073	0,337	0,626	0,818	0,919	0,967	0,988	0,996	0,999	1,000

Tabelle 1.22: Werte für einen Stern mit m = 10 m$_\odot$

$\frac{r}{R}$	0,0	0,1	0,2	0,3	0,4	0,5	0,6	0,7	0,8	0,9	1,0
$\frac{m_r}{m}$	0,000	0,025	0,168	0,431	0,694	0,867	0,953	0,988	0,998	1,000	1,000

Tabelle 1.23: Werte für einen weißen Zwerg mit m = 0,886 m$_\odot$, R = 0,00924 R$_\odot$

$\frac{r}{R}$	0,0	0,1	0,2	0,3	0,4	0,5	0,6	0,7	0,8	0,9	1,0
$\frac{m_r}{m}$	0,000	0,010	0,069	0,196	0,373	0,565	0,736	0,860	0,951	0,991	1,000

4. Die Milchstraße (Galaxis) besteht im wesentlichen aus Sternen und Gas. Die Tabelle 1.24 gibt einen Überblick über die mittlere Dichte in der galaktischen Ebene in Abhängigkeit von dem Abstand r vom Zentrum.

Geben Sie eine graphische Darstellung des Dichteabfalls!

Tabelle 1.24: Abstand der Sonne vom Zentrum ≈ 8,5 kpc

r (kpc)	0	2,05	4,10	6,15	8,20	10,25	12,30
ρ (10^{-24} g cm^{-3})	200	123	40,9	19,6	6,34	2,11	0,52

2 Potentielle Energie und Drehimpuls

Weitere Kenntnisse aus der Mechanik, wie die der potentiellen Energie im Gravitationsfeld, des Drehimpulses und Drehmoments können zu einer ersten und schon recht tiefen
Einsicht in die Entwicklung der Sterne und des Planetensystems führen.

2.1 Notwendige Kenntnisse aus der Physik; Übersicht

Zum Verständnis dieses Kapitels wird vorausgesetzt, daß der Leser mit der potentiellen
und kinetischen Energie, mit Impuls und Drehimpuls, mit dem Trägheitsmoment und
mit den Erhaltungssätzen vertraut ist. Ferner sollte das Vektorprodukt (Kreuzprodukt)
von Vektoren bekannt sein.

Die kinetische Energie (der Translation)

$$\frac{1}{2}\,m\,v^2 \quad \text{bzw.} \quad \sum_{i\,=\,1}^{n} \frac{1}{2}\,m_i\,v_i^2,$$

der Impuls m v und die Erhaltungssätze sollen als bekannt vorausgesetzt werden. Die
potentielle Energie im Gravitationsfeld in der Form

$$E_p = -\,G\,\frac{m\,M}{r}$$

und die Begriffe *Drehimpuls, Drehmoment* und *Trägheitsmoment* sind häufig nicht oder
nicht in ausreichendem Maße bekannt. Sie sollen deshalb hier kurz erläutert oder hergeleitet werden.

2.1.1. Potentielle Energie im Gravitationsfeld

Für die Verschiebung einer Masse m um Δr gegen die Gravitation der Masse M benötigt
man die Arbeit

$$W = G\,\frac{m\,M}{r^2}\,\Delta r, \quad \text{wenn} \quad \Delta r \ll r \text{ ist.}$$

Bei einer Verschiebung um ein größeres Stück von r_1 bis r_2 benutzt man zur Ermittlung
der Arbeit zweckmäßig die Integralrechnung:

$$W = \int_1^2 G\,\frac{m\,M}{r^2}\,dr = Gm\,M\left(\frac{1}{r_1} - \frac{1}{r_2}\right). \tag{2.1}$$

Diese Beziehung läßt sich auch ohne Integralrechnung (allerdings nicht ohne Grenzprozeß)
herleiten:

In P_1 (Bild 2.1) herrscht die Anziehungskraft $G\,\dfrac{m\cdot M}{r_1^2}$, in P_2 $G\,\dfrac{m\cdot M}{r_2^2}$. Es gilt

$$G\,\frac{m\cdot M}{r_1^2} > G\,\frac{m\cdot M}{r_2^2}.$$

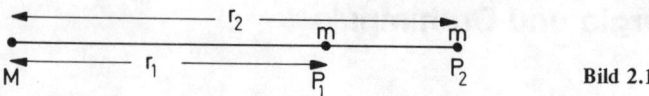

Bild 2.1

Wird die Masse m von P_1 nach P_2 bewegt, so gilt für die zu verrichtende Arbeit W

$$G \frac{m \cdot M}{r_1^2} (r_2 - r_1) > W > G \frac{m \cdot M}{r_2^2} (r_2 - r_1).$$

Dividiert man durch $G m M (r_2 - r_1)$ und multipliziert mit $r_1 \cdot r_2$, so erhält man

$$\frac{r_2}{r_1} > \frac{W \cdot r_1 \cdot r_2}{G m M (r_2 - r_1)} > \frac{r_1}{r_2}.$$

Läßt man r_2 gegen r_1 gehen, ergibt sich

$$\frac{W \cdot r_1 \cdot r_2}{G m M (r_2 - r_1)} = 1 \quad \text{oder} \quad W = G m M \left(\frac{1}{r_1} - \frac{1}{r_2} \right).$$

Natürlich kann man aus der Herleitung nicht schließen, daß diese Beziehung auch für einen endlichen Abstand $r_2 - r_1$ gilt. Man kann sich aber den Weg $r_2 - r_1$ in beliebig viele, beliebig kleine Teilstücke $r_i' - r_{i-1}'$ zerlegt denken (Bild 2.2). Dann gilt:

$$W = G m M \left\{ \left(\frac{1}{r_1'} - \frac{1}{r_2'} \right) + \left(\frac{1}{r_2'} - \frac{1}{r_3'} \right) + \left(\frac{1}{r_3'} - \frac{1}{r_4'} \right) + \ldots + \left(\frac{1}{r_{n-1}'} - \frac{1}{r_n'} \right) \right\}.$$

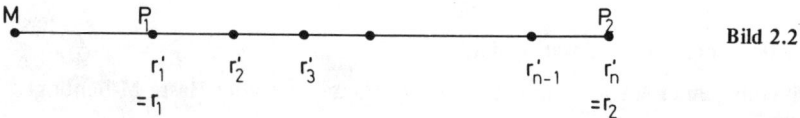

Bild 2.2

In der geschweiften Klammer heben sich alle Glieder bis auf das erste und letzte fort. Mit $r_1' = r_1$ und $r_n' = r_2$ erhält man dann ohne die Bedingung $r_2 \to r_1$

$$W = G m M \left(\frac{1}{r_1} - \frac{1}{r_2} \right).$$

Diese Arbeit ist als potentielle Energie gespeichert. Es handelt sich um die potentielle Energie eines Körpers, der sich in bezug auf irgendeinen Punkt in der Entfernung r_1 und in der Entfernung r_2 vom Gravitationszentrum befindet. Wählt man den Bezugspunkt im Unendlichen und bezeichnet die Entfernung der Massenmittelpunkte beider Körper mit r, so erhält man für die potentielle Energie

$$E_p = - G \frac{m \cdot M}{r}. \tag{2.2}$$

2.1.2 Drehimpuls, Drehmoment und Trägheitsmoment

Der Drehimpuls wird allgemein mit L bezeichnet. Im 3. Kapitel wird der Buchstabe L, wie es in der Astronomie üblich ist, auch für die Leuchtkraft benutzt. Eine Verwechslung ist nicht möglich, da die beiden Begriffe Drehimpuls und Leuchtkraft in diesem Buch nicht gemeinsam vorkommen.

Man unterscheidet zweckmäßig zwischen dem Bahndrehimpuls eines Massenpunktes und dem Eigendrehimpuls eines ausgedehnten Körpers.

Für den ersten gilt

$$\vec{L} = m\vec{r} \times \vec{v}, \tag{2.3a}$$

wobei $\vec{r}$ der Vektor vom Drehpunkt zum Massenpunkt ist. Bewegt sich der Massenpunkt auf einem Kreis, so ist der Betrag des Drehimpulses $L = m\,r\,v$. Die Richtung des Vektors $\vec{L}$ steht senkrecht auf der Bahnebene. Ersetzt man v durch ωr, dann erhält man

$$L = m\,r^2\,\omega = J\,\omega \tag{2.3b}$$

Hier ist $J = m\,r^2$ das Trägheitsmoment des Massenpunktes in bezug auf den Drehpunkt.

Für den Eigendrehimpuls eines ausgedehnten Körpers gilt

$$\vec{L} = J \cdot \vec{\omega} \quad \text{bzw.} \quad L = J\,\omega. \tag{2.4}$$

Das Trägheitsmoment ist definiert durch

$$J = \int r^2\,dm \quad \left(= \sum_{i=1}^{n} m_i\,r_i^2 \right). \tag{2.5}$$

Bei den folgenden astronomischen Betrachtungen ist nur das Trägheitsmoment einer homogenen Kugel mit der Masse m und dem Radius r von Interesse. Es sei hier ohne Herleitung mitgeteilt:

$$J_{\text{Kugel}} = \frac{2}{5}\,m\,r^2. \tag{2.6}$$

Aus $\vec{L} = m\vec{r} \times \vec{v}$ folgt

$$\frac{d\vec{L}}{dt} = m\vec{v} \times \vec{v} + m\vec{r} \times \frac{d\vec{v}}{dt} = \vec{r} \times m\vec{a} = \vec{r} \times \vec{F},$$

weil $\vec{v} \times \vec{v} = \vec{0}$. Das Produkt $\vec{r} \times \vec{F}$ bezeichnet man bekanntlich als Drehmoment $\vec{M}$:

$$\vec{M} = \vec{r} \times \vec{F}.$$

Zwischen $\vec{L}$ und $\vec{M}$ besteht die wichtige Beziehung

$$\frac{d\vec{L}}{dt} = \vec{M}, \tag{2.7}$$

die dem Newtonschen Grundgesetz $\frac{d\vec{p}}{dt} = \vec{F}$ entspricht.

Für Zentralkräfte gilt $\vec{F} = \vec{r}_0 \cdot f(r)$ mit dem Einheitsvektor $\vec{r}_0$, d.h. Kraft- und Radius-vektor sind gleichgerichtet. Dann aber ist $\vec{M} = 0$. Für Zentralkräfte ist also

$$\vec{L} = \text{const.} \tag{2.8}$$

2.2 Astronomische Probleme

2.2.1 Virialsatz, Kreisbahngeschwindigkeit und parabolische Geschwindigkeit

Die Bahngeschwindigkeit eines Körpers, der sich im Abstand r von einem Gravitations-zentrum der Masse M auf einem Kreis bewegt, folgt aus der Beziehung

$$\frac{m v_k^2}{r} = G \frac{m M}{r^2} . \tag{2.9a}$$

Folglich ist

$$v_k = \sqrt{G \frac{M}{r}} . \tag{2.9b}$$

Ist r gleich dem Halbmesser eines Gestirns, dann spricht man auch von der *1. kosmischen Geschwindigkeit* in bezug auf dieses Gestirn.

Aufgabe:

1. Berechne die mittlere Geschwindigkeit der Planeten in ihrer Bahn!

Die kinetische Energie des betrachteten Körpers ist

$$E_k = \frac{1}{2} m v_k^2, \tag{2.10a}$$

seine potentielle Energie ist

$$E_p = - G \frac{m M}{r} . \tag{2.10b}$$

Aus den Gln. (2.9a/b) und (2.10a/b) folgt

$$E_k = \frac{1}{2} G \frac{m M}{r}$$

und

$$E_k = - \frac{1}{2} E_p . \tag{2.11}$$

Für die gesamte Energie ergibt sich also

$$E = E_k + E_p = - \frac{1}{2} E_p + E_p = \frac{1}{2} E_p$$

oder

$$E = - \frac{1}{2} G \frac{m M}{r} . \tag{2.12}$$

Die Aussage (2.11) gilt allgemeiner, als die Herleitung erkennen läßt. Es handelt sich um den *Virialsatz von R. Clausius* (1870), der z. B. in der kinetischen Gastheorie eine wichtige Rolle spielt. In einer für das Folgende ausreichenden Formulierung heißt er: *„In einem abgeschlossenen System, in dem die Teilchen (Atome, Sterne oder Sternsysteme) durch Kräfte aufeinander wirken, die dem $\frac{1}{r^2}$ — Gesetz folgen, ist der zeitliche Mittelwert der kinetischen Energie gleich dem negativen halben zeitlichen Mittelwert der potentiellen Energie:*

$$\overline{E}_k = -\frac{1}{2}\,\overline{E}_p.\text{``} \tag{2.13}$$

Der Virialsatz gestattet z. B. eine erste Einsicht in das Problem der Sternentwicklung und einiges mehr.

Soll ein Körper nicht ständiger Begleiter eines Zentralgestirns — z. B. der Sonne, eines Planeten oder Mondes — sein, dann muß ihm eine so große kinetische Energie mitgegeben werden, daß die Gesamtenergie im Unendlichen 0 oder größer als 0 ist. Nach den Beziehungen (2.10a/b) muß also gelten

$$E = E_k + E_p = \frac{1}{2}\,m v^2 - G\,\frac{m\,M}{r} \geqslant 0. \tag{2.14}$$

Daraus folgt, unabhängig von der Masse m,

$$v \geqslant \sqrt{2\,G\,\frac{M}{r}}\,. \tag{2.15a}$$

Für den Fall des Gleichheitszeichens spricht man von der *Entweichgeschwindigkeit* — auch von der Flucht — oder parabolischen Geschwindigkeit —:

$$v_c = \sqrt{2\,G\,\frac{M}{r}}\,. \tag{2.15b}$$

Es gilt

$$v_e = v_k\,\sqrt{2}. \tag{2.16}$$

v_c ist die 2. kosmische Geschwindigkeit.

Aufgabe:

2. Berechne die Entweichgeschwindigkeit für die Sonne, die Planeten und den Mond für den Fall, daß der Körper sich zu Beginn der Bewegung an der Oberfläche des Gestirns befindet!

Setzt man für M die Masse der Sonne und für r die astronomische Einheit, so erhält man

$$v_e = \sqrt{2 \cdot 6{,}673 \cdot 10^{-11} \cdot \frac{1{,}989 \cdot 10^{30}}{1{,}496 \cdot 10^{11}}}\ \text{ms}^{-1} = 42{,}1\ \text{km s}^{-1}.$$

Dieser Wert ist in mehrfacher Hinsicht interessant.

1. Damit ein Körper von einem Punkt der Erdbahn das Sonnensystem verlassen kann, muß man ihm eine Geschwindigkeit von 42,1 km s^{-1} mitgeben. Die mittlere Bahnge-

schwindigkeit der Erde beträgt 29,8 km s^{-1}. Die Bewegung der Erde kann man natürlich ausnutzen. Man braucht daher einem Körper nur noch die zusätzliche Geschwindigkeit von 12,3 km s^{-1} zu erteilen, wenn man ihn in Richtung der augenblicklichen Bewegung der Erde abschießt. Würde man die entgegengesetzte Richtung wählen, dann wäre eine Geschwindigkeit relativ zur Erde von 71,9 km s^{-1} notwendig.

2. Die Geschwindigkeit, mit der Meteore in die Erdatmosphäre eindringen, liegt zwischen 12 km s^{-1} und 72 km s^{-1} (42 $\mp$ 30 km s^{-1}).

3. Ist die Geschwindigkeit, mit der ein Körper die Erdbahn kreuzt, relativ zur Sonne kleiner als 42,1 km s^{-1}, dann bewegt er sich in einer elliptischen, also geschlossenen Bahn um die Sonne. Er gehört zum Planetensystem. Ist seine Geschwindigkeit gleich oder größer als 42,1 km s^{-1}, dann bewegt er sich auf einer Parabel oder Hyperbel. In diesem Fall ist er kein Mitglied des Planetensystems oder kein Mitglied mehr. Entweder ist er aus dem interstellaren Raum gekommen, oder er ist durch den Einfluß eines der großen Planeten so beschleunigt worden, daß er in den interstellaren Raum entweicht. Diese Frage ist von besonderem Interesse bei Kometen. Die am häufigsten vorkommenden Bahnformen der Kometen sind Ellipsen, oft sehr langgestreckte, parabelnahe Ellipsen. Doch sind auch einige Hyperbelbahnen beobachtet worden. Die Exzentrizität lag allerdings nie über 1,004. Für die meisten Kometen, die sich auf einer Hyperbelbahn bewegten, konnte gezeigt werden, daß diese Hyperbelbahn durch Störung eines der großen Planeten – meist des Jupiter – aus einer Ellipsenbahn entstanden war.

Damit ist die wichtige Frage nach dem Ursprung der Kometen geklärt. Kometen gehören dem Sonnensystem an. Nach *J. H. Oort* sollen etwa 10^{11} Kometen die Sonne begleiten. Die meisten befinden sich in riesigen Entfernungen bis zu 150 000 AE.

Aufgabe:

3. Wie lange dauert der Umlauf eines Kometen, dessen Aphel 150 000 AE von der Sonne entfernt ist, während sein Perihel in der Nähe der Jupiterbahn liegt?

Über die Entweichgeschwindigkeit im Zusammenhang mit der Frage nach der Existenzmöglichkeit einer Atmosphäre wird in Kapitel 3 gesprochen.

2.2.2 Gravitationsenergie einer Gaskugel; Kontraktion der Sonne; Helmholtz-Kelvinsche Zeitskala

Die Sonne ist aus einer Wolke interstellarer Materie (99 % Gas – insbesondere Wasserstoff – und 1 % Staub) entstanden. Die potentielle Energie hat sich bei der Kontraktion in kinetische Energie und letztlich in thermische Energie umgewandelt. Aus dem oben erwähnten Virialsatz (Abschnitt 2.2.1) folgt, daß bei der Kontraktion die Hälfte der verwandelten potentiellen Energie zur Erhöhung der inneren Energie des Sterns oder Protosterns gebraucht wird – Erhöhung der Temperatur und des Drucks –, während die andere Hälfte abgestrahlt wird. Die Stärke der Abstrahlung regelt daher den Kontraktionsprozeß.

Die potentielle Energie, die bei der Kontraktion der Sonne auf ihren heutigen Radius frei geworden ist bzw. sich in andere Energieformen umgewandelt hat, läßt sich der Größenordnung nach leicht abschätzen.

Man denke sich die Sonne in zwei Körper gleicher Masse zerlegt, von denen der eine aus dem Unendlichen auf den anderen zustürzt und sich mit ihm vereinigt. Dann gilt:

$$E = E_{Kontr} = G \frac{\frac{1}{2} m_\odot \cdot \frac{1}{2} m_\odot}{R_\odot} = \frac{1}{4} G \frac{m_\odot^2}{R_\odot}. \tag{2.17}$$

Der Faktor $\frac{1}{4}$ ist zu klein. Man kommt dem wahren Wert $\frac{3}{5}$ sehr viel näher, wenn man bedenkt, daß die Masse der Sonne zum Zentrum hin stark konzentriert ist (Abschnitt 1.2.9, Aufgabe 3). Wählt man deshalb in Gl. (2.17) $\frac{1}{3} R_\odot$ oder $\frac{1}{2} R_\odot$ statt $R_\odot$, so bekommt man

$$E = \frac{3}{4} G \frac{m_\odot^2}{R_\odot} \quad \text{bzw.} \quad E = \frac{1}{2} G \frac{m_\odot^2}{R_\odot}.$$

Zwischen diesen Werten liegt der exakte Wert

$$E = \frac{3}{5} G \frac{m_\odot^2}{R_\odot}. \tag{2.18}$$

Eine genaue Rechnung kann auch in der Schule durchgeführt werden (siehe z.B. MNU „Der mathematische und naturwissenschaftliche Unterricht", 27, Heft 7, Okt. 74, S. 386–387). Hat man die Anfangsgründe der Integralrechnung zur Hand, kann man folgende Überlegung durchführen:

Die Sonne sei zunächst bis zum Radius $r < R_\odot$ aufgebaut. In dieser Kugel ist die Masse m_r enthalten. Wird eine Kugelschale der Masse dm_r (und der Dicke dr) hinzugefügt, so ändert sich die potentielle Energie E_p um

$$dE_p = - G \frac{m_r \cdot dm_r}{r} \quad \text{(siehe S. 47)}.$$

Unter der Voraussetzung einer homogenen Massenverteilung – $\rho = $ const. – gilt

$$m_r = \frac{4}{3} \pi r^3 \rho \quad \text{und} \quad dm_r = 4 \pi r^2 \rho \, dr.$$

Damit wird

$$dE_p = - G \frac{16}{3} \pi^2 r^4 \rho^2 \, dr = - 3 G \left(\frac{4}{3} \pi \rho \right)^2 r^4 \, dr$$

und

$$E_p = - 3 G \left(\frac{4}{3} \pi \rho \right)^2 \int_0^{R_\odot} r^4 \, dr = - \frac{3}{5} \frac{G}{R_\odot} \left(\frac{4}{3} \pi R_\odot^3 \rho \right)^2 = - \frac{3}{5} G \cdot \frac{m_\odot^2}{R_\odot}.$$

Setzt man in Gl. (2.18) die Werte für die Sonne ein, so ergibt sich

$$E_{Kontr} = 2,3 \cdot 10^{41} \, J.$$

Die Sonne strahlt gegenwärtig in 1 s $3,8 \cdot 10^{26}$ J ab. Wie lange kann die Sonne schon gestrahlt haben, wenn man die Kontraktion als alleinige Energiequelle ansieht, und wenn man für eine erste und grobe Abschätzung annimmt, daß die Sonne in der Vergangenheit die gleiche Leuchtkraft besessen hat wie heute? (Natürlich war das zu Beginn der Kontraktion aus einer ausgedehnten interstellaren Wolke nicht der Fall.) Diese Abschätzung führt zu der *Helmholtz-Kelvinschen Zeitskala:*

$$t_{H-K} \approx \frac{2,3 \cdot 10^{41}}{3,8 \cdot 10^{26}} \text{ s} \approx 19 \cdot 10^6 \text{ a}.$$

Man kann jetzt auch die Gravitationsenergie berechnen, die bei der Schrumpfung der Sonne von dem heutigen Halbmesser $R_\odot$ auf einen kleineren $kR_\odot$ frei wird ($0 < k < 1$).

$$\Delta E = \frac{3}{5} G m_\odot^2 \left(\frac{1}{kR_\odot} - \frac{1}{R_\odot} \right) = \frac{3}{5} G \frac{m_\odot^2}{R_\odot} \cdot \frac{1-k}{k}.$$

Die Werte $k = \frac{3}{4}$, $k = \frac{1}{2}$ und $k = \frac{1}{4}$ führen zu

$$\Delta E = \frac{1}{3} \cdot \frac{3}{5} G \frac{m_\odot^2}{R_\odot},$$

$$\Delta E = \frac{3}{5} G \frac{m_\odot^2}{R_\odot}$$

und

$$\Delta E = 3 \cdot \frac{3}{5} G \frac{m_\odot^2}{R_\odot}.$$

Die Geologen und Biologen versichern, daß sich die Leuchtkraft der Sonne seit vielen 100 Millionen Jahren nicht wesentlich verändert haben kann. Durch eine merkliche bis starke Kontraktion hätte der Energiebedarf aber nur etwa für 6 ... 60 Millionen Jahre gedeckt werden können. Deshalb mußte die Kontraktionshypothese – soweit sie die Deckung der Energie betrifft – schon im 19. Jahrhundert aufgegeben werden.

Aufgaben:

1. Berechnen Sie die durch Kontraktion frei werdende Gravitationsenergie, wenn die Sonne sich auf $\frac{1}{100}$ ihres heutigen Halbmessers zusammenzieht (Stadium des weißen Zwerges). Wie lange könnte bei gleicher Leuchtkraft wie heute der Energieverlust durch Abstrahlung gedeckt werden?

2. Könnte die Sonne ihren Energieverlust durch Einsturz von Meteoriten decken? Welcher Massenzuwachs wäre in 1 s (in 1 a) zu erwarten? Warum kann man den einfachen Ansatz $E_k = 3,8 \cdot 10^{26}$ J s^{-1} nicht benutzen, wenn man den Massenzuwachs etwa für 10^9 a berechnen will? Angenommen, der Massenzuwachs hält nur 1 000 a an, wie groß ist dann die Änderung der Jahreslänge?

3. Wie lange könnte die Sonne strahlen, wenn sie völlig aus brennbarer Substanz bestünde und der zur Verbrennung notwendige Sauerstoff von außen geliefert würde? 1 kg bester Steinkohle-Anthrazit – hat die Verbrennungswärme $3,35 \cdot 10^7$ J, 1 kg Wasserstoff $1,42 \cdot 10^8$ J.

2.2.3 Die Verteilung des Drehimpulses im Planetensystem

Im Anhang sind die wichtigsten Gesetzmäßigkeiten des Planetensystems zusammenge-stellt. Allein die Tatsache, daß die Bahnen aller Planeten nur wenig gegeneinander geneigt sind und daß alle Planeten den gleichen Umlaufssinn haben, zeigt unmißverständlich, daß die Planeten mit oder aus der Sonne entstanden sind. (Auch die Bahn des Pluto ist mit $17°$ nicht gerade stark gegen die Ekliptik geneigt. Vielfach wird außerdem ange-nommen, daß Pluto ein „entsprungener" Neptunmond ist.)

Man wird also annehmen, daß sich das gesamte Sonnensystem aus einer Wolke interstellarer Materie gebildet hat. Als diese Wolke dicht genug war, so daß eine fortgesetzte Kontraktion eintreten konnte – *Gravitationsinstabilität* – wirkten nur noch die inneren Gravitations-kräfte. Von diesem Zeitpunkt an galt also der Satz von der Erhaltung des Drehimpulses L = const. Äußere Kräfte, die ein Drehmoment hätten erzeugen können, gab es nicht mehr. Es ist nun sehr interessant, die Verteilung des gesamten Drehimpulses auf die einzelnen Mitglieder des Sonnensystems zu betrachten.

Der Bahndrehimpuls des Jupiters ist

$$L_{\text{♃}} = m_{\text{♃}} v_{\text{♃}} r_{\text{♃}} = 1,899 \cdot 10^{27} \cdot 1,31 \cdot 10^4 \cdot 7,78 \cdot 10^{11} \text{ kg m}^2 \text{ s}^{-1} = 1,94 \cdot 10^{43} \text{ kg m}^2 \text{ s}^{-1}.$$

Aufgabe:

1. Berechnen Sie den Bahndrehimpuls von Merkur, Venus, Erde, Mars, Saturn, Uranus, Neptun und Pluto!

Der Drehimpuls der Sonne ist nicht so einfach zu bestimmen. Benutzt man die Beziehung L = $\frac{2}{5}$ m r^2 ω, so erhält man einen zu großen Wert, da die Masse der Sonne zum Mittel-punkt hin konzentriert ist (Abschnitt 1.2.9, Aufg. 3). Für Abschätzungen ist der erhaltene Wert aber durchaus brauchbar.

Die siderische Rotationszeit eines Punktes auf dem Sonnenäquator beträgt rund 25 d. Die Sonne rotiert allerdings nicht wie ein starrer Körper. Punkte höherer heliographischer Breite brauchen längere Zeit für einen Umlauf. Zur Berechnung des Drehimpulses soll die Rotationszeit in $16°$ heliographischer Breite benutzt werden. Hier ist die siderische Periode 25,38 d. Damit wird

$$\omega = \frac{2\pi}{T} = 2,865 \cdot 10^{-6} \text{ rad s}^{-1}$$

und

$$L = 11,1 \cdot 10^{41} \text{ kg m}^2 \text{ s}^{-1}.$$

In Tabellen findet man $L = 1,7 \cdot 10^{41}$ kg m^2 s^{-1}.

Bild 2.3 zeigt die Verteilung der Drehimpulse auf die Sonne und die großen Planeten. Merkur, Venus, Erde, Mars und Pluto liefern keinen nennenswerten Beitrag. Die Summe ihrer Drehimpulse ($6,8 \cdot 10^{40}$ kg m^2 s^{-1}) ist durch eine einzige Ordinate angedeutet. Von dem Eigendrehimpuls der Planeten und dem Bahndrehimpuls der Monde kann abgesehen werden.

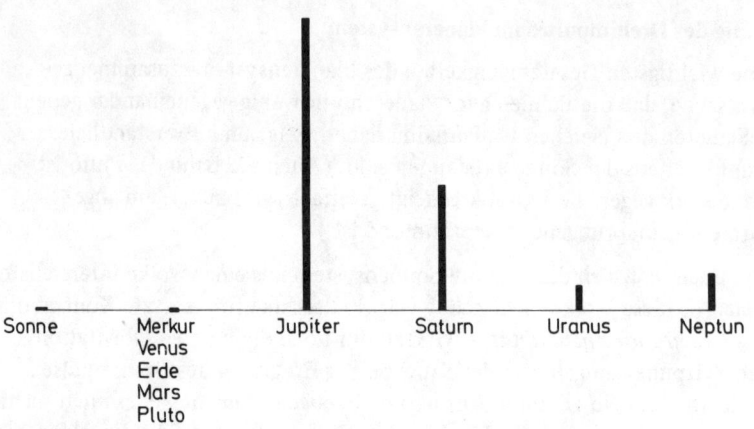

Bild 2.3 Verteilung der Drehimpulse im Sonnensystem

Aufgaben:

2. Wie groß ist der Eigendrehimpuls des Jupiters bei Annahme einer homogenen Massenverteilung?

3. Wie groß ist der Bahndrehimpuls a) des Erdmondes, b) des Jupitermondes Ganymed?

Jede Theorie über die Entstehung und Entwicklung des Planetensystems muß diese eigen-artige Verteilung des gesamten Drehimpulses beachten und verständlich machen. Auf welche Weise hat die Sonne den größten Teil ihres ehemaligen Drehimpulses verloren? In Abschnitt 1.2.5 wurde gezeigt, daß durch Gezeitenkräfte der Bahndrehimpuls des Mondes wächst, während der Eigendrehimpuls der Erde abnimmt. Könnte sich ein Vorgang dieser Art auch bei dem System Sonne-Jupiter abgespielt haben? Saturn, Uranus und Neptun sind hier weniger wichtig. Detaillierte Rechnungen zeigen, daß das nicht der Fall gewesen sein kann. Auf welche Weise auch immer die Sonne ihren ursprünglichen Dreh-impuls bis auf einen kleinen Rest abgegeben hat, eins ist sicher: Bei diesem Vorgang haben Magnetfelder eine entscheidende Rolle gespielt. Einen Teil des Drehimpulses hat wahr-scheinlich das interstellare Medium aufgenommen. Die Übertragung von der Sonne auf das interstellare Medium ist dabei durch den Sonnenwind unter Mitwirkung von Magnet-feldern erfolgt. Wahrscheinlich war der Sonnenwind in den ersten Zeiten des Sonnen-systems wesentlich stärker als heute. *Hoyle* hat eine andere Vorstellung entwickelt:

Bei zunehmender Schrumpfung löste sich, als die Fliehkraft in der Äquatorzone die Gravitation überwog, ein Materiering von der Protosonne. Zwischen dem abgelösten Ring und dem Zentralkörper bestand eine Kopplung durch ein Magnetfeld, weil die Materie sowohl in der Ursonne als auch in dem sie umgebenden Ring weitgehend ionisiert war. Die Vorstellung, daß die magnetischen Feldlinien zunächst in radialer Richtung verliefen, führt zu Bild 2.4. Nach einem recht anschaulichen Modell von Hoyle kann man sich die Feldlinien durch biegsame Stäbe ersetzt denken. Nun folgt aus dem 3. Kepler-Gesetz, daß die Gebiete in der Äquatorzone der Ursonne eine größere Bahngeschwindigkeit besitzen mußten als die Teilchen in dem abgelösten Ring. Wegen dieser unterschiedlichen Bahn-

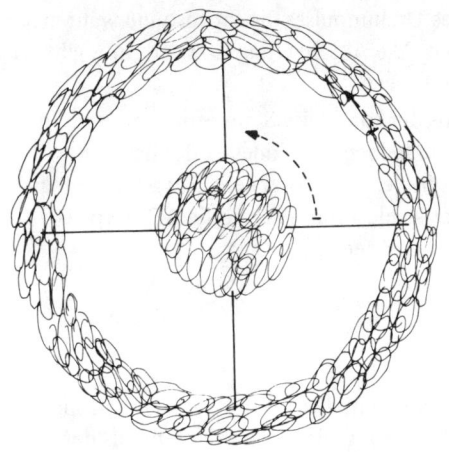

Bild 2.4

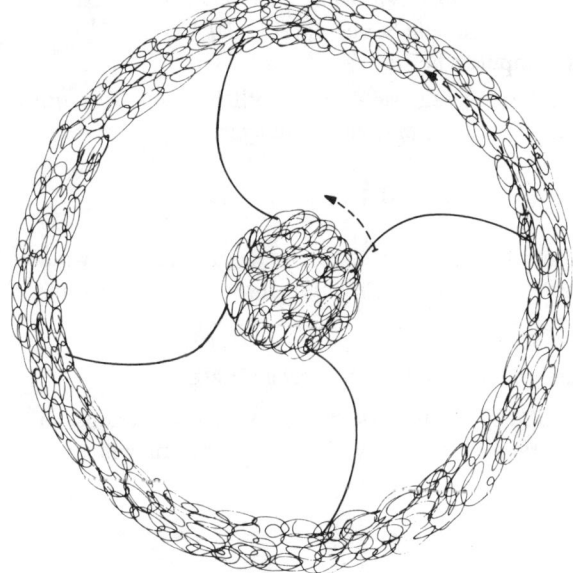

Bild 2.5

geschwindigkeiten mußten sich die Feldlinien verbiegen (Bild 2.5). Die Folge dieser Tatsache ist leicht zu überschauen: Der Zentralkörper wurde gebremst, die Materie im Ring
beschleunigt. Das führte natürlich auch zu einer Vergrößerung des Abstandes zwischen
Ring und Zentralkörper. Damit wird neben der Frage nach der Übertragung des Drehimpulses auf die Planeten auch ein weiteres Problem gelöst. Rechnungen zeigen nämlich,
daß der erste abgelöste Ring innerhalb der heutigen Merkurbahn liegen mußte. Ohne
Kräfte, die die im Ring befindliche Materie weiter nach außen trieben, hätten sich in
größeren Entfernungen keine Planeten bilden können.

Man kann leicht abschätzen, welchen Anteil ihres Drehimpulses die Protosonne während der Entwicklung des Planetensystems verloren hat. Die Abschätzung ist zwar grob, gibt aber doch einen guten Einblick in die Größenordnungen.

Es soll vorausgesetzt werden, daß die Materie, aus der später die Sonne entstand, sich in einer Kugel befand, deren Durchmesser gleich dem halben Durchmesser der heutigen Merkurbahn war, $58 \cdot 10^6$ km. Die Rotationszeit in der Äquatorzone dieser Kugel soll zu 31 d angenommen werden. Man kommt zu dieser Zahl, wenn man mit dem 3. Kepler-Gesetz und der heutigen Umlaufszeit des Merkurs rechnet:

$$T_1^2 : T_2^2 = a_1^3 : a_2^3; \quad T_1^2 : 88^2 = \left(\frac{1}{2} a_2\right)^3 : a_2^3$$

$$T_1 = 31 \text{ d.}$$

Unter der Annahme einer homogenen Massenverteilung in dieser Protosonne erhält man für ihren Drehimpuls $L \approx 1,6 \cdot 10^{45}$ kg m^2 s^{-1}. Nun beträgt der wahre Drehimpuls der heutigen Sonne etwa 15 % desjenigen, der bei homogener Massenverteilung berechnet wird. Nimmt man ähnliche Verhältnisse bei der gedachten Protosonne an, dann kann man deren Drehimpuls zu $2,4 \cdot 10^{44}$ kg m^2 s^{-1} ansetzen. Wenn man dieser Abschätzung einiges Gewicht beilegt, kann man schätzen, daß die Sonne mit $1,7 \cdot 10^{41}$ kg m^2 s^{-1} nur noch rund 0,07 % des ehemaligen Drehimpulses besitzt.

Hätte die Sonne keinen Drehimpuls verloren, müßte sie eine wesentlich kürzere Rotationszeit besitzen. Es müßte gelten — wieder homogene Massenverteilung vorausgesetzt —:

$$\frac{2}{5} \cdot 2 \cdot 10^{30} \cdot 6,96^2 \cdot 10^{16} \cdot \frac{2\pi}{T} \text{ kg m}^2 \text{ s}^{-1} = 2,4 \cdot 10^{44} \text{ kg m}^2 \text{ s}^{-1}.$$

Daraus folgt: T = 0,12 d! Ein Punkt auf dem Sonnenäquator hat heute eine Geschwindigkeit von 2 km s^{-1} und eine Umlaufszeit von 25 d. Bei Erhaltung ihres Drehimpulses müßte die Geschwindigkeit am Sonnenäquator rund 417 km s^{-1} sein.

2.2.4 Die Erhaltung des Drehimpulses und das zweite Keplersche Gesetz

Auf einen Planeten wirken nur Zentralkräfte. Deshalb ist $\vec{M} = 0$ und $\vec{L}$ = const. Aus der Tatsache, daß der Vektor $\vec{L}$ unveränderlich ist, liest man ab, daß die Bewegung in einer Ebene stattfindet. Genauer folgt:

$$m\vec{r} \times \vec{v} = \text{const.,}$$

$$\vec{r} \times \frac{\Delta\vec{r}}{\Delta t} = \text{const.,}$$

$$\frac{\frac{1}{2}\vec{r} \times \Delta\vec{r}}{\Delta t} = \text{const.,}$$

$$\frac{\left|\frac{1}{2}\vec{r} \times \Delta\vec{r}\right|}{\Delta t} = \text{const.,}$$

$$\frac{\Delta A}{\Delta t} = \text{const.}$$

(2.19)

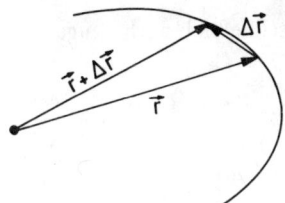

Bild 2.6

Das aber heißt in Worten: „In gleichen Zeiten überstreicht der Radiusvektor gleiche Flächen" (Bild 2.6).

Beim Durchgang durch das Perihel und Aphel stehen $\vec{r}$ und $\vec{v}$ senkrecht aufeinander. Hier ist der Betrag des Drehimpulses also $m r_p v_p$ bzw. $m r_A v_A$. Wegen der Erhaltung des Drehimpulses gilt

$$r_p v_p = r_A v_A .$$
(2.20)

Bezeichnet man die große Halbachse der elliptischen Bahn mit a, die numerische Exzentrizität mit e, so ist

$$r_P = a(1-e) \quad \text{und} \quad r_A = a(1+e).$$
(2.21)

Mit diesen Beziehungen erhält man

$$\frac{v_P}{v_A} = \frac{1+e}{1-e}.$$
(2.22)

Für die Erde ist e = 0,0167 und damit $\frac{v_P}{v_A}$ = 1,034. Für den Merkur mit e = 0,2056 ist $\frac{v_P}{v_A}$ = 1,518. Für Merkur ist also die Geschwindigkeit im Perihel erheblich größer als im Aphel. Viel bedeutender sind die Unterschiede zwischen der größten und der kleinsten Geschwindigkeit bei Kometen, deren Exzentrizität oft nahe bei 1 liegt. So gilt für den Halleyschen Kometen e = 0,9673. Für ihn ist

$$\frac{v_P}{v_A} = 60,16!$$

Über die Geschwindigkeiten selbst gibt der Energiesatz Auskunft.

$$\frac{1}{2} m v_P^2 - G \frac{m \cdot m_\odot}{r_P} = \frac{1}{2} m v_A^2 - G \frac{m \cdot m_\odot}{r_A} .$$
(2.23)

Aus Gl. (2.23) ergibt sich

$$\frac{1}{2} (v_P^2 - v_A^2) = Gm_\odot \left(\frac{1}{r_P} - \frac{1}{r_A} \right) .$$

Mit $v_A = \dfrac{1-e}{1+e} v_P$, $r_A = a(1+e)$ und $r_P = a(1-e)$ erhält man schließlich nach einigen Umformungen

$$v_P = \sqrt{G \frac{m_\odot}{a}} \sqrt{\frac{1+e}{1-e}} \qquad (2.24a)$$

und

$$v_A = \sqrt{G \frac{m_\odot}{a}} \sqrt{\frac{1-e}{1+e}}. \qquad (2.24b)$$

Zahlenwerte:

Merkur: $v_P = 58{,}99\ \mathrm{km\,s^{-1}}$; $v_A = 38{,}86\ \mathrm{km\,s^{-1}}$

Erde: $v_P = 30{,}29\ \mathrm{km\,s^{-1}}$; $v_A = 29{,}29\ \mathrm{km\,s^{-1}}$

Komet Halley: $v_P = 54{,}61\ \mathrm{km\,s^{-1}}$; $v_A = \ 0{,}91\ \mathrm{km\,s^{-1}}$.

Aufgaben:

1. Für die am 10. Dez. 1974 gestartete Heliossonde ist $r_P = 0{,}3095$ AE, $r_A = 0{,}985$ AE (und T = 190,153 d). Wie groß ist
   a) die große Halbachse der Bahn,
   b) die numerische Exzentrizität,
   c) die Geschwindigkeit im Perihel,
   d) die Geschwindigkeit im Aphel?

2. Ein Satellit bewege sich auf einer Kreisbahn mit dem Radius r um die Erde. Leiten Sie eine Beziehung zwischen dem Bahndrehimpuls L, der Masse des Satelliten m_S, der Masse der Erde m_E und dem Radius r ab!

3. Ein Stern, der die gleiche Masse und den gleichen Drehimpuls wie die Sonne besitzt, möge zu einem Neutronenstern mit dem Radius 10 km zusammenstürzen. Der Drehimpuls soll vollkommen erhalten bleiben. Wie groß ist die Rotationszeit des Neutronensterns?

   – Neutronensterne können nur entstehen, wenn ein Stern eine Masse $m > 1{,}4\ m_\odot$ hat. Bei dem Gravitationskollaps wird ein Teil der Masse explosionsartig abgestoßen: Supernova. –

2.2.5 Das System Erde-Mond und die Erhaltung des Drehimpulses

Besonders interessant ist der Satz von der Erhaltung des Drehimpulses für das System Erde-Mond. Der gesamte Drehimpuls setzt sich aus vier Anteilen zusammen: Eigendrehimpulse der Erde und des Mondes und Bahndrehimpulse der Erde und des Mondes.

Der Eigendrehimpuls der Erde ist

$$L_E = 5{,}86 \cdot 10^{33}\ \mathrm{kg\,m^2\,s^{-1}}.$$

Er ist kleiner als der einer homogenen Kugel von Erdmasse und Erdradius ($7{,}1 \cdot 10^{33}\ \mathrm{kg\,m^2\,s^{-1}}$). Der Bahndrehimpuls des Mondes ist

$$L_{B\,Mo} = m_{Mo} a_{Mo}^2 \omega_{Mo} = 7{,}35 \cdot 10^{22} \cdot 3{,}844^2 \cdot 10^{16} \cdot \frac{2\pi}{27{,}322 \cdot 86400}\ \mathrm{kg\,m^2\,s^{-1}}$$

$$= 2{,}89 \cdot 10^{34}\ \mathrm{kg\,m^2\,s^{-1}}.$$

Der Eigendrehimpuls des Mondes ist bei Annahme einer homogenen Massenverteilung

$$L_{Mo} = \frac{2}{5} m_{Mo} r_{Mo}^2 \omega_{Mo} = \frac{2}{5} 7{,}35 \cdot 10^{22} \cdot 1{,}74^2 \cdot 10^{12} \cdot \frac{2\pi}{27{,}322 \cdot 86\,400} \text{ kg m}^2 \text{ s}^{-1}$$
$$= 2{,}37 \cdot 10^{29} \text{ kg m}^2 \text{ s}^{-1}.$$

Er kann ohne weiteres bei der Betrachtung des Gesamtdrehimpulses vernachlässigt werden. Ebenso kann man den Bahndrehimpuls der Erde bei ihrer Bewegung um den Massenmittelpunkt vernachlässigen. Er macht nur etwa 1 % des gesamten Bahndrehimpulses im System Erde-Mond aus.

Aufgabe:

Berechnen Sie den Bahndrehimpuls der Erde bezogen auf den Massenmittelpunkt und vergleichen Sie ihn mit dem Bahndrehimpuls des Mondes bezogen auf den Massenmittelpunkt und bezogen auf den Erdmittelpunkt. (Zur Erläuterung siehe Bild 1.12)

Betrachtet man Erde und Mond als ein abgeschlossenes System, so gilt mit den erlaubten Vernachlässigungen:

$$L_E + L_{B\,Mo} = \text{const.} \tag{2.25a}$$

$$L_E + m_{Mo}\, a_{Mo}\, v_{Mo} = \text{const.,} \tag{2.25b}$$

wobei a_{Mo} und v_{Mo} die mittleren Werte für Abstand und Bahngeschwindigkeit des Mondes sind. Außerdem gilt bei Annahme einer Kreisbewegung die Gleichgewichtsbeziehung

$$\frac{m_{Mo}\, v_{Mo}^2}{a_{Mo}} = G \cdot \frac{m_{Mo}\, m_E}{a_{Mo}^2}\,. \tag{2.26}$$

Eliminiert man v_{Mo} aus den Gln. (2.25b) und (2.26), so erhält man

$$L_E + m_{Mo} \sqrt{Gm_E}\ \sqrt{a_{Mo}} = \text{const.} \tag{2.27}$$

Nun ändert sich L_E durch die Gezeitenreibung. Mit L_E muß sich auch a_{Mo} ändern. Differenziert man in Gl. (2.27) L_E nach a_{Mo}, so ergibt sich

$$\frac{dL_E}{da_{Mo}} = -\frac{m_{Mo} \sqrt{Gm_E}}{2 \sqrt{a_{Mo}}}$$

oder mit Differenzen geschrieben:

$$\frac{\Delta L_E}{\Delta a_{Mo}} = -\frac{m_{Mo} \sqrt{Gm_E}}{2 \sqrt{a_{Mo}}}\,. \tag{2.28}$$

Andererseits gilt

$$L_E = J_E\, \omega = J_E \cdot \frac{2\pi}{T} \tag{2.29}$$

$$\frac{dL_E}{dT} = -2\pi \cdot \frac{J_E}{T^2}$$

oder

$$\frac{\Delta L_E}{\Delta T} = -2\pi \cdot \frac{J_E}{T^2},\tag{2.30}$$

wobei $T = 86\,164$ s die siderische Rotationszeit der Erde ist.

Das Trägheitsmoment der Erde $J_E = 8{,}04 \cdot 10^{37}$ kg m^2 kann aus Satellitenbeobachtungen bestimmt werden.

Aus den Gln. (2.28) und (2.30) folgt

$$\frac{m_{Mo} \sqrt{Gm_E}}{2\sqrt{a_{Mo}}} \Delta a_{Mo} = 2\pi \frac{J_E}{T^2} \Delta T.\tag{2.31}$$

In der Zeit ΔT ändert sich a_{Mo} um

$$\Delta a_{Mo} = \frac{4\pi J_E \sqrt{a_{Mo}}}{m_{Mo} T^2 \sqrt{Gm_E}} \Delta T.\tag{2.32}$$

Eine eingehende Analyse von Sonnenfinsternissen und Planetenbeobachtungen seit 1663 und von ca. 40 000 Sternbedeckungen durch den Mond hat ergeben, daß die Länge des Tages in 100 Jahren um 1,5 ms zunimmt. (In der Literatur findet man Werte zwischen 1 ms und 4 ms pro Jahrhundert.) Mit 1,5 ms wird

$$\Delta a \approx 2{,}7 \text{ m/Jahrhundert}.$$

Der Abstand des Mondes wächst also in 100a *um etwa* 3 m! Lasermessungen haben sogar eine Vergrößerung von 4 cm pro Jahr ergeben.

Man kann an dieser Stelle eine weitere interessante Abschätzung durchführen. Der Eigendrehimpuls der Erde ist heute $5{,}86 \cdot 10^{33}$ kg m^2 s^{-1}, der Bahndrehimpuls des Mondes $2{,}89 \cdot 10^{34}$ kg m^2 s^{-1}. Der Eigendrehimpuls der Erde nimmt infolge der Gezeitenreibung ab. Er wird schließlich ganz auf den Bahndrehimpuls des Mondes übertragen. Erde und Mond wenden sich dann bei der Bewegung um ihren Massenmittelpunkt immer die gleiche Seite zu. Bei dieser Bewegung hat die Erde natürlich auch noch einen Eigendrehimpuls, wie ihn ja auch der Mond heute noch besitzt. Von diesem Anteil am Gesamtdrehimpuls kann aber abgesehen werden. Bezeichnet man den Abstand des Mondes von der Erde zur Zeit der beiderseits gebundenen Rotation mit a_{max}, die Winkelgeschwindigkeit mit ω_{min}, dann führt der Satz von der Erhaltung des Drehimpulses zu

$$L_{E,\,heute} + L_{B\,Mo,\,heute} = m_{Mo}\, a_{max}^2\, \omega_{min} = L_{B\,Mo,\,max}\tag{2.33}$$

Nun ist

$$L_{E,\,heute} = \frac{5{,}86 \cdot 10^{33}}{2{,}89 \cdot 10^{34}}\, L_{B\,mo,\,heute} = 0{,}2 \cdot L_{B\,Mo,\,heute}.$$

Damit wird der maximale Betrag des Bahndrehimpulses des Mondes

$$L_{B\,Mo,\,max} = 1{,}2 \cdot L_{B\,Mo,\,heute}.\tag{2.34}$$

Aus den Gln. (2.33) und (2.34) folgt

$$m_{Mo}\, a^2_{max} \cdot \omega_{min} = 1{,}2 \cdot m_{Mo}\, a^2_{heute} \cdot \omega_{heute} \qquad (2.35a)$$

oder

$$a^2_{max} \cdot \frac{2\,\pi}{T_{max}} = 1{,}2 \cdot a^2_{heute} \cdot \frac{2\,\pi}{T_{heute}}. \qquad (2.35b)$$

Mit Hilfe des 3. Kepler-Gesetzes kann man T_{max} eliminieren:

$$T_{max} = T_{heute} \sqrt{\frac{a^3_{max}}{a^3_{heute}}}.$$

Aus Gl. (2.35b) erhält man

$$a_{max} = 1{,}2^2 \cdot a_{heute}. \qquad (2.36)$$

Der Abstand des Mondes kann sich also höchstens auf das 1,44-fache des heutigen Abstandes oder auf rund 554 000 km vergrößern. (Gemeint ist natürlich der mittlere Abstand.)

Für T_{max} erhält man:

$$T_{max} = T_{heute} \cdot \sqrt{1{,}2^6} \approx 1{,}73 \cdot 27{,}3 \text{ Tage} \approx 47 \text{ Tage}$$

Ein Mondumlauf dauert also dann 47 heutige Tage, die gleiche Zeit, die — wegen der dann vollständig gebundenen Rotation — die Erde für eine Umdrehung benötigt. Dies ist die Dauer eines Sterntages. Der Sonnentag wird etwa 54 mal so lang sein wie heute. Bis dieser Zustand eintritt, werden allerdings noch $6 \cdot 10^9$ Jahre vergehen. Dies ist viel länger als die noch zu erwartende Lebensdauer der Sonne in ihrem jetzigen Zustand.

3 Allgemeine Gasgleichung, kinetische Gastheorie, Strahlungsgesetze

Aussagen über Temperatur und Leuchtkraft der Sterne, sowie Temperatur und Atmosphäre der Planeten werden möglich, wenn ein wenig Thermodynamik, kinetische Gastheorie und Strahlungsgesetze zur Verfügung stehen.

3.1 Notwendige Kenntnisse aus der Physik

3.1.1 Allgemeine Gasgleichung und kinetische Gastheorie

1. Allgemeine Gasgleichung: $pV = \nu RT$.

   ν ist die in der Einheit 1 mol gemessene Stoffmenge des Gases. R ist die universelle Gaskonstante: $R = 8{,}314\,34\ J\,K^{-1}\,mol^{-1}$.

2. Aus der kinetischen Gastheorie sollte die Tatsache bekannt sein, daß für ein ideales Gas die absolute Temperatur proportional der mittleren kinetischen Translationsenergie seiner Teilchen ist:

$$\overline{W_k} = \frac{1}{2}\,\overline{mv^2} = \frac{3}{2}\,kT. \tag{3.1}$$

k ist die Boltzmannsche Konstante. Es gilt

$$k = \frac{R}{N_A} = \frac{8{,}314\,34\ J\,K^{-1}\,mol^{-1}}{6{,}022\,2 \cdot 10^{23}\ mol^{-1}} = 1{,}380\,6 \cdot 10^{-23}\ J\,K^{-1}. \tag{3.2}$$

Für ein Gas aus N Teilchen ist die thermische Energie

$$E_{th} = \frac{3}{2}\,NkT = \frac{3}{2}\,\nu N_A\,kT = \frac{3}{2}\,\nu\,RT. \tag{3.3}$$

3.1.2 Strahlungsgesetze

Vorausgesetzt werden:

1. Die Abhängigkeit der Strahlungsleistung eines schwarzen Körpers von der Wellenlänge und der Temperatur (siehe Bild 3.1). Hier ist natürlich nur an die Kurvenschar gedacht, die dem Planckschen Strahlungsgesetz entspricht und nicht an die mathematische Formulierung.

2. Das Stefan-Boltzmannsche Strahlungsgesetz: Die von einem absolut schwarzen Körper pro Zeiteinheit abgestrahlte Energie ist seiner Oberfläche und der 4. Potenz seiner absoluten Temperatur proportional.

$$\Phi = \sigma A T^4 \tag{3.4}$$

σ ist die Stefan-Boltzmannsche Konstante: $\sigma = 5{,}669\,6 \cdot 10^{-8}\ J\,m^{-2}\,K^{-4}\,s^{-1}$.

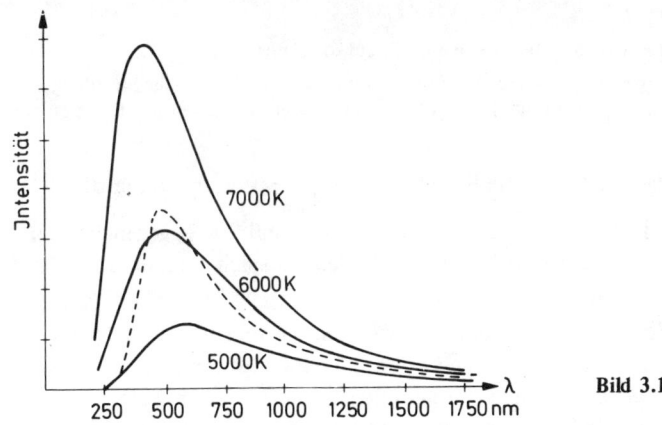

Bild 3.1

3. Das Wiensche Verschiebungsgesetz: Für die Strahlung eines absolut schwarzen Körpers ist das Produkt aus der Wellenlänge des maximalen Emissionsvermögens und der absoluten Temperatur des strahlenden Körpers konstant.

$$\lambda_{max} \cdot T = b = const. \tag{3.5}$$

Es ist

$$b = 2{,}898 \cdot 10^{-3} \, mK$$

3.2 Astronomische Probleme

3.2.1 Temperatur und Leuchtkraft der Sonne und der Sterne

In der Entfernung 1 AE von der Sonne empfängt eine senkrecht zur einfallenden Strahlung stehende Fläche von $1 \, m^2$ die Leistung 1,37 kW. Die Größe $S = 1{,}37 \cdot 10^3 \, J \, m^{-2} \, s^{-1}$ heißt Solarkonstante. Ihre Kenntnis ermöglicht es, mit Hilfe des Stefan-Boltzmannschen Strahlungsgesetzes die effektive Temperatur an der Sonnenoberfläche zu berechnen. Die effektive Temperatur ist diejenige, die ein absolut schwarzer Körper haben müßte, um pro Flächeneinheit die gleiche Leistung abzustrahlen. Es gilt:

$$L_{\odot} = 4 \pi R_{\odot}^2 \sigma T_e^4 = 4 \pi a^2 \cdot S, \tag{3.6}$$

wobei a die astronomische Einheit ist. Daraus folgt

$$T_e = \sqrt[4]{\left(\frac{a}{R_{\odot}}\right)^2 \cdot \frac{S}{\sigma}} = \sqrt[4]{\left(\frac{1{,}496 \cdot 10^{11}}{6{,}96 \cdot 10^8}\right)^2 \cdot \frac{1{,}37 \cdot 10^3}{5{,}67 \cdot 10^{-8}}} \, K = 5780 \, K.$$

Für die Leuchtkraft der Sonne, d.h. ihre gesamte Leistung, erhält man

$$L_{\odot} = 4 \pi a^2 \, S = 4\pi \cdot 1{,}496^2 \cdot 10^{22} \cdot 1{,}37 \cdot 10^3 \, W = 3{,}85 \cdot 10^{26} \, W.$$

Aufgaben:

1. Welcher Bruchteil der gesamten Leistung der Sonne entfällt auf die Erde?

2. Das Intensitätsverhältnis der Strahlung aus dem Kern eines Sonnenflecks (Umbra) zur Strahlung aus der ungestörten Photosphäre beträgt etwa 1 ; 10. Wie hoch ist die effektive Temperatur in einem Sonnenfleck?

Das Wiensche Verschiebungsgesetz liefert die Beziehung $T = \dfrac{b}{\lambda_{max}}$. Für die Sonne gilt λ_{max} = 477 nm. Damit wird T = 6 075 K. Der Unterschied von rund 300 K gegenüber der oben berechneten effektiven Temperatur ist so erheblich, daß man sich darüber Gedanken machen muß.

Das Stefan-Boltzmannsche Strahlungsgesetz und das Wiensche Verschiebungsgesetz sind mathematische Folgerungen aus dem Planckschen Strahlungsgesetz. Wenn man das eine oder das andere zur Bestimmung der Temperatur benutzt, muß man zu den gleichen Werten kommen, vorausgesetzt, die Strahlung stammt von einem absolut schwarzen Körper, denn nur für absolut schwarze Körper gilt das Plancksche Strahlungsgesetz. Der Unterschied in den oben berechneten Temperaturen weist deutlich darauf hin, daß *die Sonne nicht wie ein schwarzer Körper strahlt*, daß also die Gesetze von Planck, Stefan-Boltzmann und Wien nicht ohne weiteres auf die Sonne angewandt werden dürfen. Diese Tatsache geht schon aus der Existenz der zahlreichen Absorptionslinien im Sonnenspektrum hervor und ebenso aus Bild 3.1, in dem die gestrichelte Kurve die Intensitätsverteilung der Sonnenstrahlung wiedergibt — über die ganze Scheibe gemittelt und außerhalb der Erdatmosphäre gemessen —, während die ausgezogenen Kurven für schwarze Strahler gelten.

Wenn man trotzdem zur Bestimmung der Temperatur an der Sonnenoberfläche einmal das Stefan-Boltzmannsche Gesetz, ein anderes Mal das Wiensche Verschiebungsgesetz benutzt, dann heißt das ganz einfach nur, daß man von zwei verschiedenen Temperaturdefinitionen ausgeht. Es ist deshalb kein Widerspruch, wenn man einmal 5 780 K, ein anderes Mal 6 075 K angibt

An dieser Stelle soll noch eine weitere für die Physik der Sterne sehr wichtige Temperaturdefinition besprochen werden. Zum Verständnis wird wieder Bild 3.1 herangezogen. Für das Stefan-Boltzmannsche Gesetz und die aus ihm abgeleitete effektive Temperatur ist die gesamte unter einer Planckschen Kurve liegende Fläche maßgebend. Über die Temperatur nach dem Wienschen Verschiebungsgesetz entscheidet die Lage des Maximums. Die Form einer Kurve dagegen oder die Intensitätsverteilung ist für den Farbeindruck wichtig, den das Auge von dem strahlenden Körper hat.

Das Auge und die meisten anderen Empfänger sprechen auf einen begrenzten Spektralbereich an. Die Temperatur nun, die ein schwarzer Strahler haben muß, damit die Intensitätsverteilung seiner Strahlung in einem bestimmten Bereich des Spektrums gleich der Intensitätsverteilung im gleichen Bereich des Sonnen- oder Sternspektrums ist, nennt man die Farbtemperatur T_F der Sonne oder des Sterns. Zu jeder Farbtemperatur muß der gewählte Spektralbereich angegeben werden.

Drei Beispiele für die Sonne:

Tabelle 3.1

ausgewählter Spektralbereich	Farbtemperatur T_F
300 nm bis 400 nm	4 850 K
330 nm und 432 nm	7 540 K
410 nm bis 950 nm	7 140 K

Das zweite Beispiel zeigt, daß man auch zwei sehr schmale, mehr oder weniger weit getrennte Bereiche aus dem Spektrum benutzen kann. Die Auswahl geschieht mit Hilfe von Filtern.

Für die Sonne sind alle zur Temperaturberechnung notwendigen Größen mit hinreichender Genauigkeit bekannt: Radius, Entfernung, Solarkonstante, λ_{max} und die Intensitätsverteilung. Für Sterne ist das Problem schwieriger. Nur für sehr wenige kann aus der bekannten Entfernung, dem Radius und einer Größe, die der Solarkonstanten entspricht, die effektive Temperatur berechnet werden.

Beispiele:

Tabelle 3.2

Stern	empfangene Leistung S_* je m^2 J m^{-2} s^{-1}	Entfernung r pc	Radius R_* 10^6 km	effektive Temperatur K
α-Bootis (Arcturus)	$4,5 \cdot 10^{-8}$	11	18	4 100
α-Orionis[1] (Beteigeuze)	$9,0 \cdot 10^{-8}$	95	320	3450
α-Leonis (Regulus)	$1,7 \cdot 10^{-8}$	26	2,6	13000

Die Werte der letzten Spalte ergeben sich aus $T_e = \sqrt[4]{\dfrac{r^2 \cdot S_*}{R_*^2 \cdot \sigma}}$.

Diese Beziehung folgt aus $L_* = 4 \pi R_*^2 \sigma T_e^4 = 4 \pi r^2 \cdot S_*$.

λ_{max} ist für Sterne nur schwer zu bestimmen. Die Genauigkeit reicht nicht aus, um dieser Methode eine größere Bedeutung zu geben. Dagegen kann eine Farbtemperatur auch für recht schwache Objekte ermittelt werden. Natürlich kommt ihr nicht die gleiche Bedeutung wie der effektiven Temperatur zu.

---

[1] Beteigeuze ist ein halbregelmäßig veränderlicher roter Riesenstern. Der Radius schwankt zwischen 730 und 1000 Sonnenradien. Damit ändert sich auch seine effektive Temperatur. Die Periode beträgt etwa 6 Jahre.

Aufgabe:

3. Berechnen Sie nach dem Wienschen Verschiebungsgesetz den Temperaturbereich, der für ein λ_{max} im sichtbaren Spektralbereich gilt! (380 nm $< \lambda_{max} < 780$ nm)

3.2.2 Leuchtkraft der Sterne; scheinbare und absolute Helligkeit

Leuchtkraft. Die Leuchtkraft eines Sterns, d. h. die je Sekunde abgestrahlte Energie, wird zweckmäßig in Einheiten der Leuchtkraft der Sonne angegeben. Aus

$$L_* = 4\,\pi\,R_*^2\,\sigma\,T_{e*}^4 \quad \text{und} \quad L_\odot = 4\,\pi\,R_\odot^2\,\sigma\,T_{e\odot}^4$$

folgt

$$L_* = \left(\frac{R_*}{R_\odot}\right)^2 \cdot \left(\frac{T_{e*}}{T_{e\odot}}\right)^4 \cdot L_\odot. \tag{3.7}$$

Nach dieser Beziehung kann die Leuchtkraft eines Sterns nur berechnet werden, wenn sein Radius und seine effektive Oberflächentemperatur bekannt sind. Diese Werte stehen aber nur selten zur Verfügung.

Scheinbare Helligkeit. Was zunächst visuell, photographisch oder photoelektrisch gemessen werden kann, ist die scheinbare Helligkeit. Unter der *scheinbaren* Helligkeit eines Sterns versteht man die Helligkeit, in der uns der Stern *wirklich* erscheint. Sie ist ein Maß für die Intensität der in den Empfänger (oder auf die Erde) gelangenden Strahlung.

Die Angabe der scheinbaren Helligkeit beruhte, bevor die Photographie, Photozellen oder Photomultiplier zur Messung eingesetzt wurden, ausschließlich auf der Empfindung, die das ins Auge fallende Licht hervorruft. Nun ergibt sich nach dem Weber-Fechnerschen Gesetz für die Empfindung eine arithmetische Reihe, wenn der die Empfindung hervorrufende Reiz nach einer geometrischen Reihe geändert wird.

Es gilt also folgende Zuordnung, wenn die Empfindung (scheinbare Helligkeit) mit m, der Reiz (Strahlungsstrom) mit Φ bezeichnet wird:

m_0	$m_1 = m_0 + \Delta m$	$m_2 = m_0 + 2\,\Delta m$	$m_3 = m_0 + 3\,\Delta m$	
Φ_0	$\Phi_1 = q\,\Phi_0$	$\Phi_2 = q^2\,\Phi_0$	$\Phi_3 = q^3\,\Phi_0$	. . . usw.

mit konstantem Δm und q. Anders geschrieben sieht die Zuordnung so aus

$m_1 - m_0 = \Delta m$	$m_2 - m_0 = 2\,\Delta m$	$m_3 - m_0 = 3\,\Delta m$	
$\dfrac{\Phi_1}{\Phi_0} = q$	$\dfrac{\Phi_2}{\Phi_0} = q^2$	$\dfrac{\Phi_3}{\Phi_0} = q^3$	. . . usw.

Eine Verknüpfung der beiden Folgen führt zu

$$m_2 - m_1 = \text{const.} \lg \frac{\Phi_2}{\Phi_1}. \text{[1]}$$

Der Proportionalitätsfaktor wird nach *N. Pogson* (1857) gleich $-2,5$ gesetzt. Damit ist gewährleistet, daß die Skala der scheinbaren Helligkeiten, die in Größenklassen oder Magnitudines gemessen werden, weitgehend mit der Skala übereinstimmt, die schon von den Astronomen des Altertums begründet und benutzt worden ist. Es gilt also

$$m_2 - m_1 = -2,5 \lg \frac{\Phi_2}{\Phi_1} \tag{3.8a}$$

oder

$$\frac{\Phi_2}{\Phi_1} = 10^{-0,4 \cdot (m_2 - m_1)}. \tag{3.8b}$$

m ist um so größer, je kleiner die empfangene Strahlungsleistung ist. Die scheinbaren Helligkeiten zweier Sterne mögen sich um eine Größenklasse unterscheiden. Der mit dem Index 2 gekennzeichnete Stern sei der hellere. Dann ist

$$m_2 - m_1 = -1 \quad \text{und} \quad \frac{\Phi_2}{\Phi_1} = 10^{+0,4} = 2,512$$

Tabelle 3.3 gibt weitere Beispiele, von denen man sich einige einprägen sollte.

Tabelle 3.3

$m_2 - m_1$	$\frac{\Phi_2}{\Phi_1}$	$m_2 - m_1$	$\frac{\Phi_2}{\Phi_1}$	$m_2 - m_1$	$\frac{\Phi_2}{\Phi_1}$
-5	$100:1$	0	$1:1$	$+\,5$	$1:100$
-4	$40:1$	$+1$	$1:2,512$	$+10$	$1:10^4$
-3	$16:1$	$+2$	$1:6,3$	$+15$	$1:10^6$
-2	$6,3:1$	$+3$	$1:16$	$+20$	$1:10^8$
-1	$2,512:1$	$+4$	$1:40$	$+25$	$1:10^{10}$

Nun will man nicht nur die Unterschiede in den scheinbaren Helligkeiten verschiedener Sterne angeben, sondern jedem Stern einen Wert m, seine Größenklasse, zuordnen. Dazu muß noch der Nullpunkt der Skala festgesetzt werden. Hierbei wurde wieder Rücksicht auf das überlieferte System der Sternhelligkeiten genommen. Das gelang in guter Näherung, indem man dem Polarstern die scheinbare Helligkeit $m = +2,12^m$ zuschrieb. Da sich aber

---

[1] Ganz entsprechend verfährt man z. B. bei dem Vergleich zweier Schalleistungen. Wenn P_0 die Bezugsleistung ist, schreibt man entweder $x = 10 \lg \frac{P}{P_0}$ oder $y = \frac{1}{2} \ln \frac{P}{P_0}$ und nennt x Dezibel, y Neper.

der Polarstern bei genaueren Messungen als schwach veränderlich erwiesen hat, benutzt man heute eine ausgewählte Gruppe von Sternen zur Festlegung des Nullpunkts. Zur Angabe der scheinbaren Helligkeit eines Sterns gehört natürlich auch die Angabe des Spektralbereichs, aus dem der vom Empfänger aufgenommene Strahlungsstrom stammt. Man unterscheidet z. B. die visuelle scheinbare Helligkeit m_v von der photographischen scheinbaren Helligkeit m_{pg}. Zur Charakterisierung dient die Wellenlänge des „Energie-schwerpunkts" der wirksamen Strahlung, z. B. $\lambda_v = 540$ nm und $\lambda_{pg} = 430$ nm. Es gibt eine Reihe weiterer scheinbarer Helligkeiten, z. B. verschiedene Infrarothelligkeiten.

Tabelle 3.4: Scheinbare Helligkeit einiger Gestirne

Gestirn	m_v	m_{pg}
Sonne	− 26,78	− 26,16
Vollmond	− 12,55	
Halbmond zunehmend abnehmend	− 10,20 − 10,05	
Venus im höchsten Glanz	− 4,22	
Sirius (α-Canis majoris)	− 1,46	− 1,45
Wega (α-Lyrae)	0,03	0,03
Spica (α-Virginis)	0,97	0,74
Mizar, der mittlere Deichselstern des großen Wagens	2,12	2,15
der schwächste, in dunkler Nacht mit bloßem Auge eben noch erkennbare Stern	6	
Grenzgröße eines Instruments mit 10-cm-Öffnung bei visueller Beobachtung	11,7	
Grenzgröße bei photographischen Aufnahmen mit dem 5-m-Spiegel auf dem Mt. Palomar		23 ... 24

Aufgaben:

1. Warum ist der zunehmende Halbmond etwas heller als der abnehmende?
2. Berechnen Sie das Verhältnis der Strahlungsströme (im visuellen Bereich)
   a) für Sonne und Vollmond,
   b) für Sonne und Sirius,
   c) für die Sonne und den schwächsten, mit bloßem Auge sichtbaren Stern,
   d) für die Sonne und den schwächsten von der Erdoberfläche aus nachweisbaren Stern ($m = 24^m$)!

Absolute Helligkeit: Die scheinbare Helligkeit ist keine *Zustandsgröße*. Sie hängt nicht nur von der Leuchtkraft eines Sterns, sondern wesentlich von dessen Entfernung und auch von einer u. U. vorhandenen interstellaren Absorption ab. Will man den Vergleich der Leuchtkräfte zweier Sterne in Größenklassen durchführen, dann muß man den Einfluß der Entfernung eliminieren. Dazu versetzt man die Sterne in Gedanken in eine für alle gleiche Entfernung. Man hat als Standardentfernung 10 pc gewählt. Die interstellare Absorption soll zunächst unberücksichtigt bleiben. Vergleicht man den Strahlungsstrom, der von einem Stern in r pc kommend einen Empfänger trifft, mit dem, der den gleichen Empfänger treffen würde, wenn der gleiche Stern die Entfernung 10 pc hätte, dann erhält man nach dem Gesetz, daß die Intensität sich mit $\frac{1}{r^2}$ ändert

$$\frac{\Phi_r}{\Phi_{10}} = \frac{10^2}{r^2} .$$

Bezeichnet man die Helligkeit eines Sterns in der Standardentfernung 10 pc mit M, dann gilt

$$m - M = -2{,}5 \lg \frac{\Phi_r}{\Phi_{10}} = -2{,}5 \lg \frac{10^2}{r^2} = 5 \lg r - 5. \tag{3.9}$$

M nennt man die *absolute Helligkeit* eines Sterns. m − M ist offensichtlich ein Maß für die Entfernung des Sterns und heißt *Entfernungsmodul*. Tabelle 3.5 gibt einige Beispiele für die Umrechnung des Entfernungsmoduls in die zugehörige Entfernung, wobei diese in pc gemessen wird.

Tabelle 3.5

m − M	-5^m	-4^m	-3^m	-2^m	-1^m	0^m	$+1^m$	$+2^m$
r (pc)	1	1,58	2,512	3,98	6,31	10	15,8	25,1

m − M	$+3^m$	$+4^m$	$+5^m$	$+10^m$	$+15^m$	$+20^m$	$+25^m$
r (pc)	39,8	63,1	10^2	10^3	10^4	10^5	10^6

(10^3 pc = 1 kpc; 10^6 pc = 1 Mpc)

Natürlich muß auch für die absolute Helligkeit der benutzte Spektralbereich angegeben werden.

Aufgaben:

3. Berechnen Sie die absoluten Helligkeiten M_v und M_{pg} der Sonne ! (206 265 AE = 1 pc)
4. Berechnen Sie die absoluten Helligkeiten M_v für Sirius (r = 2,667 pc), Wega (7,5 pc), Spica (79 pc) und Mizar (18 pc)!

Die absoluten Helligkeiten gestatten einen unmittelbaren Vergleich zwischen den Leucht-
kräften. Es gilt

$$M_2 - M_1 = -2,5 \lg \frac{L_2}{L_1} \quad \text{oder} \quad \frac{L_2}{L_1} = 10^{-0,4 \cdot (M_2 - M_1)} \tag{3.10}$$

Beispiele:

Vergleich der Leuchtkräfte von Sirius und Spica:

$$\frac{L_{Spica}}{L_{Sirius}} = 10^{-0,4(-3,5-1,41)} = 10^{+1,964} = 92$$

$$L_{Spica} = 92 \cdot L_{Sirius}$$

Vergleich der Leuchtkräfte von Sirius und Sonne:

$$\frac{L_{Sirius}}{L_{Sonne}} = 10^{-0,4(1,41-4,79)} = 10^{+1,352} = 22,5$$

$$L_{Sirius} = 22,5 \cdot L_{Sonne}$$

Vergleich der Leuchtkräfte von Spica und Sonne:

$$\frac{L_{Spica}}{L_{Sonne}} = 10^{-0,4(-3,5-4,79)} = 10^{+3,316} = 2070$$

$$L_{Spica} = 2070 \cdot L_{Sonne}$$

Aufgabe:

5. Wie hell würde uns die Sonne erscheinen, wenn sie in der Entfernung a) des Sirius, b) der Spica
   stehen würde?

3.2.3 Farbindizes

Unter dem Farbindex eines Sterns versteht man die Differenz der scheinbaren Helligkeiten
in zwei verschiedenen Spektralbereichen, immer in dem Sinn kurzwellig minus langwellig:

$$FI = m_{kurzwellig} - m_{langwellig} \tag{3.11}$$

z. B.

$$FI = m_{pg} - m_v .$$

Die scheinbaren Helligkeiten und die entsprechenden Farbindizes im UBV-System (Ultra-
violett, Blau, Visuell) von *Johnson* und *Morgan* (1951) mit den isophoten Wellenlängen
der Energieschwerpunkte $\lambda_U = 365$ nm, $\lambda_B = 440$ nm, $\lambda_V = 548$ nm werden viel gebraucht.
Statt m_U, m_B, m_V schreibt man auch kurz U, B, V. Die isophoten Wellenlängen für B und
V weichen nur wenig von denen für m_{pg} und m_v ab. Die Farbindizes kennzeichnen die

Absolute Helligkeit: Die scheinbare Helligkeit ist keine *Zustandsgröße.* Sie hängt nicht nur von der Leuchtkraft eines Sterns, sondern wesentlich von dessen Entfernung und auch von einer u. U. vorhandenen interstellaren Absorption ab. Will man den Vergleich der Leuchtkräfte zweier Sterne in Größenklassen durchführen, dann muß man den Einfluß der Entfernung eliminieren. Dazu versetzt man die Sterne in Gedanken in eine für alle gleiche Entfernung. Man hat als Standardentfernung 10 pc gewählt. Die interstellare Absorption soll zunächst unberücksichtigt bleiben. Vergleicht man den Strahlungsstrom, der von einem Stern in r pc kommend einen Empfänger trifft, mit dem, der den gleichen Empfänger treffen würde, wenn der gleiche Stern die Entfernung 10 pc hätte, dann erhält man nach dem Gesetz, daß die Intensität sich mit $\frac{1}{r^2}$ ändert

$$\frac{\Phi_r}{\Phi_{10}} = \frac{10^2}{r^2}.$$

Bezeichnet man die Helligkeit eines Sterns in der Standardentfernung 10 pc mit M, dann gilt

$$m - M = -2,5 \lg \frac{\Phi_r}{\Phi_{10}} = -2,5 \lg \frac{10^2}{r^2} = 5 \lg r - 5. \tag{3.9}$$

M nennt man die *absolute Helligkeit* eines Sterns. m − M ist offensichtlich ein Maß für die Entfernung des Sterns und heißt *Entfernungsmodul.* Tabelle 3.5 gibt einige Beispiele für die Umrechnung des Entfernungsmoduls in die zugehörige Entfernung, wobei diese in pc gemessen wird.

Tabelle 3.5

m − M	-5^m	-4^m	-3^m	-2^m	-1^m	0^m	$+1^m$	$+2^m$
r (pc)	1	1,58	2,512	3,98	6,31	10	15,8	25,1

m − M	$+3^m$	$+4^m$	$+5^m$	$+10^m$	$+15^m$	$+20^m$	$+25^m$
r (pc)	39,8	63,1	10^2	10^3	10^4	10^5	10^6

(10^3 pc = 1 kpc; 10^6 pc = 1 Mpc)

Natürlich muß auch für die absolute Helligkeit der benutzte Spektralbereich angegeben werden.

Aufgaben:

3. Berechnen Sie die absoluten Helligkeiten M_v und M_{pg} der Sonne ! (206 265 AE = 1 pc)
4. Berechnen Sie die absoluten Helligkeiten M_v für Sirius (r = 2,667 pc), Wega (7,5 pc), Spica (79 pc) und Mizar (18 pc)!

Die absoluten Helligkeiten gestatten einen unmittelbaren Vergleich zwischen den Leucht-kräften. Es gilt

$$M_2 - M_1 = -2{,}5 \lg \frac{L_2}{L_1} \quad \text{oder} \quad \frac{L_2}{L_1} = 10^{-0{,}4 \cdot (M_2 - M_1)}$$ (3.10)

Beispiele:

Vergleich der Leuchtkräfte von Sirius und Spica:

$$\frac{L_{Spica}}{L_{Sirius}} = 10^{-0{,}4(-3{,}5 - 1{,}41)} = 10^{+1{,}964} = 92$$

$$L_{Spica} = 92 \cdot L_{Sirius}$$

Vergleich der Leuchtkräfte von Sirius und Sonne:

$$\frac{L_{Sirius}}{L_{Sonne}} = 10^{-0{,}4(1{,}41 - 4{,}79)} = 10^{+1{,}352} = 22{,}5$$

$$L_{Sirius} = 22{,}5 \cdot L_{Sonne}$$

Vergleich der Leuchtkräfte von Spica und Sonne:

$$\frac{L_{Spica}}{L_{Sonne}} = 10^{-0{,}4(-3{,}5 - 4{,}79)} = 10^{+3{,}316} = 2070$$

$$L_{Spica} = 2070 \cdot L_{Sonne}$$

Aufgabe:

5. Wie hell würde uns die Sonne erscheinen, wenn sie in der Entfernung a) des Sirius, b) der Spica stehen würde?

3.2.3 Farbindizes

Unter dem Farbindex eines Sterns versteht man die Differenz der scheinbaren Helligkeiten in zwei verschiedenen Spektralbereichen, immer in dem Sinn kurzwellig minus langwellig:

$$FI = m_{kurzwellig} - m_{langwellig}$$ (3.11)

z. B.

$$FI = m_{pg} - m_v \, .$$

Die scheinbaren Helligkeiten und die entsprechenden Farbindizes im UBV-System (Ultra-violett, Blau, Visuell) von *Johnson* und *Morgan* (1951) mit den isophoten Wellenlängen der Energieschwerpunkte $\lambda_U = 365$ nm, $\lambda_B = 440$ nm, $\lambda_V = 548$ nm werden viel gebraucht. Statt m_U, m_B, m_V schreibt man auch kurz U, B, V. Die isophoten Wellenlängen für B und V weichen nur wenig von denen für m_{pg} und m_v ab. Die Farbindizes kennzeichnen die

Energieverteilung im Spektrum eines Sterns. Man kann sie zur Angabe der Farbe oder einer Farbtemperatur benutzen. Willkürlich, aber zweckmäßig, hat man alle Farbindizes für Sterne mit einer effektiven Oberflächentemperatur von etwa 10 000 K gleich Null gesetzt. Es handelt sich um Sterne des Spektraltyps A0V. Siehe auch 3.2.4. Für diese Sterne gilt also U = B = V und U − B = 0 sowie B − V = 0.

Für die Sonne mit U = − 26,06 m, B = − 26,16 m und V = − 26,78 m ist

$$U - B = + 0,10 \quad und \quad B - V = + 0,62.$$

Im Vergleich mit den Standardsternen strahlt die Sonne im Ultravioletten schwächer als im Blauen und im Blauen schwächer als im Visuellen. Ihre Temperatur muß also geringer als 10 000 K sein. Diese Überlegung gilt für jeden Stern mit positiven Farbindizes. Sterne mit negativen Farbindizes besitzen eine höhere Oberflächentemperatur als 10 000 K.

Farbindizes können für sehr schwache Sterne noch mit ausreichender Genauigkeit gemessen werden. Die aus den Farbindizes berechneten Farbtemperaturen haben allerdings keine größere physikalische Bedeutung. Ihr Wert liegt u. a. darin, daß die Theorie der Sternatmosphären einen Zusammenhang zwischen den Farbtemperaturen und den physikalisch bedeutsamen effektiven Temperaturen sowie anderen Größen wie z. B. der Schwerebeschleunigung gibt.

In Tabelle 3.6 sind einige Farbindizes B − V, Farbtemperaturen für zwei Wellenlängenbereiche und effektive Temperaturen aufgeführt.

Tabelle 3.6

B − V	T_F in der Umgebung von		T_e
	$\lambda = 425$ nm	$\lambda = 500$ nm	
	K		K
− 0,30^m	39 800	33 500	30 000
− 0,18^m	23 400	22 500	15 400
− 0,02^m	16 700	15 300	9 520
+ 0,15^m	13 000	11 000	8 200
+ 0,42^m	7 600	7 700	6 440
+ 0,81^m		5 400	5 250
+ 1,40^m		3 800	3 850
+ 1,58^m		3 000	3 240

Über Farbtemperaturen der Sonne siehe Tabelle 3.1.

Die Tabelle 3.6 zeigt, daß es auf jeden Fall möglich ist, die Sterne mit Hilfe der Farbindizes nach steigenden oder fallenden Temperaturen zu ordnen. Die Fehler bei den Temperaturangaben sind allerdings nicht unerheblich. Bei den sehr heißen Sternen können sie einige 1 000 K, bei den „kühlen" immer noch einige 100 K betragen.

3.2.4 Das Hertzsprung-Russel- und das Farben-Helligkeitsdiagramm; das Zustandsdiagramm

Spektraltypen. Fraunhofer, Kirchhoff und *Bunsen* legten die Grundlagen für die Spektralanalyse. Diese wurde bald durch *Huggins, Secchi, Vogel* u.a. in die Astronomie eingeführt.
Ende des 19. Jahrhunderts entstand im wesentlichen durch Arbeiten von *E. C. Pickering*
und Miss *A. Cannon* die „Harvard-Klassifikation" der Sternspektren. Es handelt sich um
eine empirische Ordnung, die jedem Stern, von Sonderfällen abgesehen, einen Platz in einer
eindimensionalen Folge zuordnet. Die Folge wird durch die Buchstaben O−B−A−F−G−
K−M gekennzeichnet. Von einer Verzweigung bei G und K soll hier abgesehen werden.
Man spricht von Spektralklassen, Spektraltypen oder auch von O-, B-, A-Sternen usw. Um
feinere Unterschiede berücksichtigen zu können, wird jede Spektralklasse dezimal unter-
teilt, z.B. A0, A1, A2, ... A9. Bei den O-Sternen beginnt man mit O2. Die Sonne hat den
Spektraltyp G2. Zur Einordnung eines Sterns in die Harvardsequenz benutzt man ausgewählte Linien in seinem Spektrum. Es handelt sich im wesentlichen um die Balmerlinien
des Wasserstoffs und die H- und K-Linien des einfach ionisierten Calciums (siehe Kap. 4).
Auf eine genaue Beschreibung der Spektraltypen oder eine Anweisung zur Klassifikation
muß und kann hier verzichtet werden. Wichtig ist, daß die Folge der Spektralklassen eine
Temperaturfolge ist. Tabelle 3.7 zeigt die Zuordnung nach zwei verschiedenen Quellen.

Tabelle 3.7

Spektraltyp		O5	B0	B5	A0	A5	F0	F5
T_e	a)	44500	30000	15400	9520	8200	7200	6440
(K)	b)	35000	21000	13500	9700	8100	7200	6500

Spektraltyp		G0	G5	K0	K5	M0	M5
T_e	a)	6030	5770	5250	4350	3850	3240
(K)	b)	6000	5400	4700	4000	3300	2600

a) nach Landolt-Börnstein 1982
b) nach C. W. Allen: Astrophysical Quantities

(Die Werte für die effektive Temperatur der verschiedenen Spektraltypen weichen in der
Literatur nicht unmerklich voneinander ab. Diese Unterschiede und ihre Gründe spielen
allerdings im Rahmen der folgenden Betrachtungen keine Rolle)

Das Hertzsprung-Russel-Diagramm (HRD). Die Temperaturen der Sterne streuen über einen
weiten Bereich. Die Leuchtkräfte unterscheiden sich um viele Zehnerpotenzen. Trägt man
in einem Diagramm die Leuchtkraft gegen die Temperatur auf, könnte man eine mehr oder
weniger gleichmäßige Verteilung der eingetragenen Punkte erwarten.

Hertzsprung (1911) und *Russel* (1913) haben als erste Diagramme der erwähnten Art ge-
zeichnet. Hertzsprung wählte Sterne aus mehreren offenen Sternhaufen. Russel wählte
Sterne aus der Umgebung der Sonne. In einem HRD wird auf der Abszissenachse der
Spektraltyp aufgetragen, links mit O bzw. B beginnend. Auf der Ordinatenachse werden
die absoluten Helligkeiten aufgetragen. Die Leuchtkräfte wachsen nach oben, die M-Werte
also nach unten. Die Bilder 3.2 und 3.3 zeigen zwei Hertzsprung-Russel-Diagramme. Das

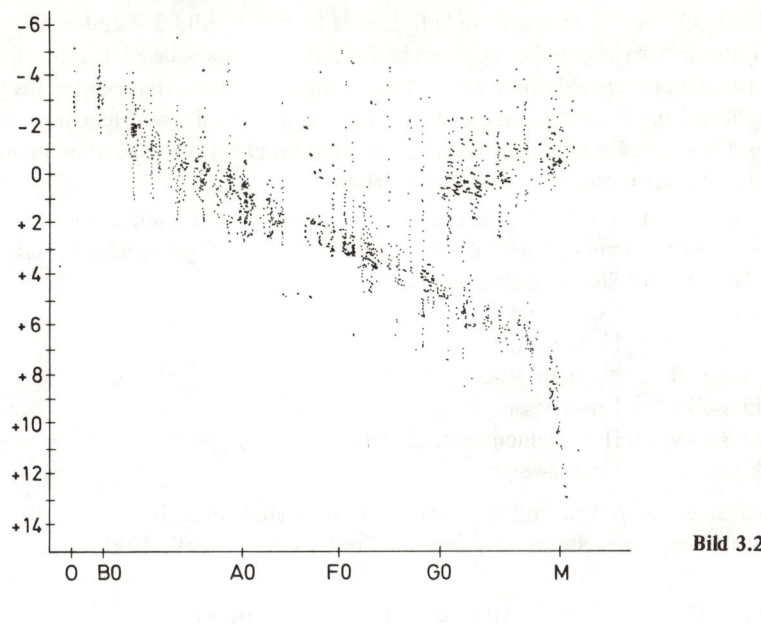

Bild 3.2

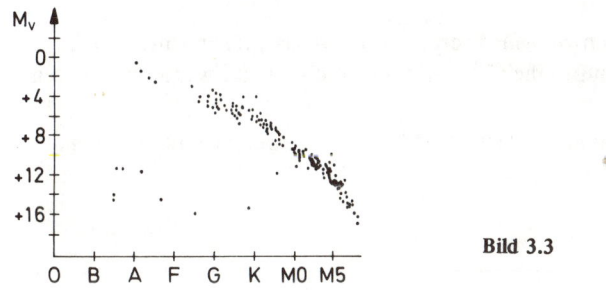

Bild 3.3

erste umfaßt alle Sterne, deren Spektraltyp und absolute Helligkeit ermittelt werden konnten. Das zweite enthält nur Sterne, deren Entfernung von der Sonne nicht größer als 10 pc ist.

Beide Diagramme gestatten wichtige Folgerungen.

1. Es herrscht eine gesetzmäßige Beziehung zwischen der absoluten Helligkeit und dem Spektraltyp bzw. der Leuchtkraft und der Temperatur. Die meisten Sterne — mehr als 95 % — liegen auf einer Reihe, die sich von links oben nach rechts unten erstreckt. Man nennt sie die *Hauptreihe*. Im rechten oberen Teil des Diagramms liegt der sogenannte *Riesenast*.

Aufgaben:

1. Sterne im Riesenast haben eine z. T. wesentlich größere Leuchtkraft als Sterne gleichen Spektraltyps (gleicher Temperatur) auf der Hauptreihe. Was folgt daraus?

2. Berechnen Sie das Verhältnis der Radien zweier Sterne mit gleicher effektiver Oberflächentemperatur, wenn sich ihre absoluten Helligkeiten a) um 5, b) um 10 Größenklassen unterscheiden!

2. In Bild 3.3 sind keine Riesen, aber relativ viele K- und M-Sterne. In Bild 3.2 sind relativ wenig K- und M-Sterne der Hauptreihe. Dagegen ist der Riesenast stark besetzt. Das letztere beruht auf einem Auswahleffekt. Geht man in den scheinbaren Helligkeiten bis zu einer Grenzgröße, dann erfaßt man aus großen Entfernungen nur die sehr leuchtkräftigen Sterne. Die wahre Häufigkeitsverteilung kann nur ermittelt werden, wenn man in genügend großen Räumen möglichst alle Sterne erfaßt.

3. Die Diagramme zeigen, daß eine Einteilung nach Spektralklassen nicht eindeutig ist. Man muß auch die verschiedenen Leuchtkräfte bei gleichem Spektraltyp beachten. Das führt zur Klassifizierung der Sterne nach *Leuchtkraftklassen.*

    Leuchtkraftklasse   I   :   Überriesen
    Leuchtkraftklasse   II   :   Helle Riesen
    Leuchtkraftklasse   III   :   Normale Riesen
    Leuchtkraftklasse   IV   :   Unterriesen
    Leuchtkraftklasse   V   :   Hauptreihensterne-Zwerge
    Leuchtkraftklasse   VI   :   Unterzwerge

Wenn nötig gibt man eine feinere Unterteilung durch Suffixe a, ab, b an, z. B. Ia, Iab, Ib usw. Bei der Kennzeichnung eines Sterns wird dem Spektraltyp die Leuchtkraftklasse hinzugefügt. *Beispiele:*

Sonne: G2V, Sirius: A1V, Spica: B1V, Arcturus: K1III, Polarstern: F8Ib, Beteigeuze: M2I.

Die Unterzwerge sind nicht mit den weißen Zwergen zu verwechseln. Die Unterzwerge liegen im HRD dicht unter der Hauptreihe (2^m), während die weißen Zwerge links unten zu finden sind.

Wenn man alle Sterne bis zur scheinbaren Helligkeit $6{,}0^m$ nach ihrer absoluten Helligkeit M_v ordnet, erhält man folgende Tabelle:

Tabelle 3.8

absolute Helligkeit	$< -6^m$	-6^m bis -4^m	-4^m bis -2^m	-2^m bis 0^m
Anzahl der Sterne	7	162	441	1 046

absolute Helligkeit	0^m bis $+2^m$	$+2^m$ bis $+4^m$	$+4^m$ bis $+6^m$	$+6^m$ bis $+8^m$
Anzahl der Sterne	1 899	642	120	38

(nach Landolt-Börnstein)

Aufgabe:

3. Ergänzen Sie die Tabelle 3.8 durch die zugehörigen Verhältnisse $\frac{L_*}{L_\odot}$. Dabei soll die absolute Helligkeit M_V der Sonne näherungsweise mit + 5 m angesetzt werden.

Das Farbenhelligkeis-Diagramm (FDH). Statt auf der Abszissenachse die Spektralklassen aufzutragen, kann man auch die Farbindizes B−V benutzen. Wie durch die Spektralklassen werden auch durch sie die Sterne nach ihrer Temperatur geordnet. Bei den Farbindizes U−B besteht in einem gewissen Bereich keine eindeutige Zuordnung zur Temperatur.

Aufgabe:

4. Tragen Sie nach Tabelle 3.6 und Tabelle 3.9 die Temperatur gegen B−V bzw. U−B auf!

Tabelle 3.9

Spektraltyp	B0	B5	A0	A5	F0	F5
U − B	− 1,08	− 0,58	− 0,02	+ 0,10	+ 0,03	− 0,02
T_e in K	30000	15400	9520	8200	7200	6440

Spektraltyp	G0	G5	K0	K5	M0	M5
U − B	+ 0,06	+ 0,20	+ 0,45	+ 1,08	+ 1,22	+ 1,24
T_e in K	6030	5770	5250	4350	3850	3240

Das eigentümliche Verhalten der Farbindizes U−B liegt im wesentlichen an dem sogenannten *Balmersprung* im kontinuierlichen Spektrum in der Nähe von 370 nm. Es handelt sich um eine durch Wasserstoff hervorgerufene Absorption. Diese Absorption ist bei A2-Sternen am größten. Farbindizes haben gegenüber den Spektralklassen 2 Vorteile:

1. Sie sind einer unmittelbaren Messung zugänglich und bilden eine kontinuierliche Folge, während die Einteilung nach Spektralklassen bestimmte (empirische) Kriterien erfordert und zu einer diskreten Folge führt.

2. Farbindizes sind mit ausreichender Genauigkeit für weitaus schwächere Sterne zu erhalten als Spektren, die zu einer Klassifikation geeignet sind.

Besonders wichtig und aufschlußreich sind Farben-Helligkeits-Diagramme von Sternhaufen. Man darf mit guter Annäherung annehmen, daß alle Mitglieder eines Sternhaufens die gleiche Entfernung von dem Beobachter haben. Aus m − M = 5 lg (r) − 5 folgt dann, daß m − M eine Konstante ist. Man kann also statt M zunächst m auftragen und ein FHD gewinnen, ohne die absoluten Helligkeiten zu kennen. Es handelt sich bei dieser Darstellung um eine Parallelverschiebung in Richtung der Ordinatenachse. Bild 3.4 zeigt das FDH des Sternhaufens Praesepe im Krebs.

Die Hauptreihe ist wesentlich schärfer definiert als bei den Diagrammen 3.2 und 3.3. Einige Sterne oberhalb der Hauptreihe sind wahrscheinlich Doppelsterne, deren resultierende scheinbare Helligkeit bis zu $0,75^m$ über der scheinbaren Helligkeit einer der Komponenten liegt.

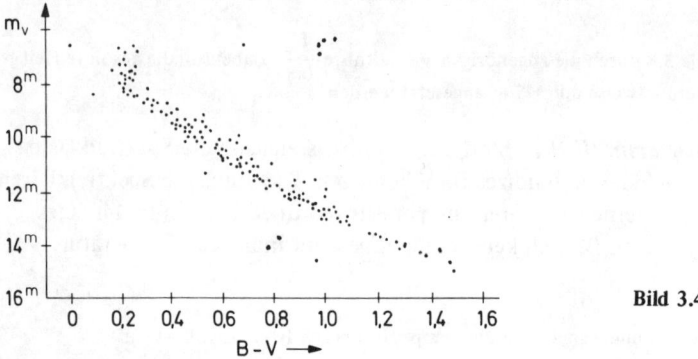

Bild 3.4

Aufgabe:

5. Die Komponenten eines Doppelsterns haben die scheinbaren Helligkeiten m_1 und m_2 mit $m_2 > m_1$. Wie groß ist die scheinbare Gesamthelligkeit m? Welcher Unterschied kann zwischen m und m_1 höchstens bestehen?

Eine merklich größere Gesamthelligkeit erhält man nur, wenn die Differenz der scheinbaren Helligkeiten klein ist. Das Maximum des Unterschieds zwischen der Gesamthelligkeit und der scheinbaren Helligkeit der lichtstärkeren Komponente ergibt sich für $\Delta m = 0$. Dann ist $m_1 - m = 0,75$. Ein Doppelstern kann also höchstens um 0,75 m heller sein als die hellere Komponente.

Sterne eines Sternhaufens sind nicht nur gleich weit entfernt. Sie sind auch gleich alt und hatten zu Beginn ihrer Entwicklung die gleiche chemische Zusammensetzung. Deshalb sind sie für den Astronomen besonders interessant.

Wenn es gelingt, auch nur für einen einzigen Stern eines Sternhaufens die absolute Helligkeit zu bestimmen, dann kennt man m − M, den Entfernungsmodul, und damit auch die Entfernung r. Auf Schwierigkeiten, die durch interstellare Absorption entstehen, kann hier nicht eingegangen werden.

In Wirklichkeit wird man natürlich versuchen, von möglichst vielen Sternen die absolute Helligkeit zu ermitteln. Man kann z.B. die Beziehung zwischen den Spektralklassen und den absoluten Helligkeiten zu diesem Zweck benutzen. Tabelle 3.10 gibt den Zusammenhang zwischen den Spektralklassen, M_v und B−V.

Tabelle 3.10

Spektraltyp	B0	B5	A0	A5	F0	F5
M_v	$-4,0^m$	$-1,2^m$	$+0,6^m$	$+1,9^m$	$+2,7^m$	$+3,5^m$
B − V	− 0,30	− 0,17	− 0,02	+ 0,15	+ 0,30	+ 0,44

Spektraltyp	G0	G5	K0	K5	M0	M5
M_v	$+4,4^m$	$+5,1^m$	$+5,9^m$	$+7,4^m$	$+8,8^m$	$+12,3^m$
B − V	+ 0,58	+ 0,68	+ 0,81	+ 1,15	+ 1,40	+ 1,64

Aufgaben:

6. Bestimmen Sie aus Bild 3.4 unter Benutzung der Tabelle 3.10 für 5 Werte von B–V die absoluten Helligkeiten der entsprechenden Sterne in der Praesepe und berechnen Sie dann – ohne Berücksichtigung einer eventuellen interstellaren Absorption – die Entfernung des Sternhaufens!

7. Die Entfernung der Praesepe wird mit 159 pc angegeben. Berechnen Sie aus dem Unterschied gegen den in der vorhergehenden Aufgabe ermittelten Wert von 151 pc die Schwächung der scheinbaren Helligkeit im visuellen Bereich durch die interstellare Absorption.

Zustandsdiagramme. Statt M kann man auch die Leuchtkraft L, statt B–V die Temperatur T_e zur Bildung eines Diagramms benutzen. Man erhält dann ein sogenanntes Zustandsdiagramm. Als Ordinate wählt man meistens $\lg \dfrac{L_*}{L_\odot}$ und als Abszisse $\lg T_e$, wobei entgegengesetzt sonstigem Gebrauch abnehmende Werte von $\lg T_e$ nach rechts aufgetragen werden. Selbstverständlich sind Hertzsprung-Russel-Diagramme, Farben-Helligkeitsdiagramme und Zustandsdiagramme nur verschiedenartige Darstellungen desselben Zusammenhangs. Doch kann man aus einem Zustandsdiagramm recht leicht eine Aussage z. B. über die Radien verschiedener Sterne erhalten. Nach Gl. (3.7) gilt

$$\frac{L_*}{L_\odot} = \left(\frac{R_*}{R_\odot}\right)^2 \left(\frac{T_*}{T_\odot}\right)^4$$

bzw.

$$\lg \frac{L_*}{L_\odot} = 4 \cdot \lg T_* + 2 \cdot \lg \frac{R_*}{R_\odot} - 4 \cdot \lg T_\odot. \qquad (3.12)$$

Im $\lg \dfrac{L_*}{L_\odot} / \lg T_*$-Diagramm liegen also alle Sterne mit einem bestimmten Verhältnis $\dfrac{R_*}{R_\odot}$ auf einer (fallenden) Geraden.

Aufgabe:

8. Zeichnen Sie in ein Diagramm, in dem die Leuchtkraftverhältnisse $\dfrac{L_*}{L_\odot}$ von $1 : 10^2$ bis $10^5 : 1$ und die Temperaturen T_e von 3 000 K bis 25 000 K reichen, die in Tabelle 3.11 aufgeführten Sterne ein. Zeichnen Sie auch die Geraden ein, auf denen alle Sterne mit den Radienverhältnissen $\dfrac{R_*}{R_\odot} = 100, 10, 1, 1/10, 1/100$ liegen.

Tabelle 3.11

Stern	M_v	T_e	Stern	M_v	T_e
Sonne	+ 4,79	5 780	Castor	+ 1,1	10 600
Deneb	− 7,5	11 000	α-Gem		
α-Cygni			Pollux	+ 0,2	4 900
Rigel	− 6,8	11 550	β-Gem		
β-Orionis			Sirius	+ 1,4	9 970
Beteigeuze	− 5,6	3 450	α-CMa		
α-Orionis			Procyon	+ 2,6	6 500
Polarstern	− 3,2	6 300	α-CMi		
α-UMi			α-Centauri	+ 4,4	5 700
Spica	− 3,5	23 900	Sirius B	+ 11,5	32 000
α-Virginis			Procyon B	+ 13,1	7 500
Regulus	− 0,6	12 200	v. Maanen	+ 14,2	7 000
α-Leonis			Proxima-		2 600
Arctur	− 0,2	4 100	Cent.	+ 15,4	
α-Bootis					
Wega	+ 0,5	9 660			
α-Lyrae					

Für die Sterne der Hauptreihe gibt es einen weiteren wichtigen Zusammenhang zwischen zwei Zustandsgrößen: die *Masse-Leuchtkraft-Beziehung*. Tabelle 3.12 enthält die mittleren Massen von Hauptreihensternen und die zugehörigen Leuchtkräfte. Die entsprechenden Werte der Sonne sind als Einheit benutzt.

Tabelle 3.12

$\dfrac{L_*}{L_\odot}$	$\dfrac{m_*}{m_\odot}$	$\dfrac{L_*}{L_\odot}$	$\dfrac{m_*}{m_\odot}$	$\dfrac{L_*}{L_\odot}$	$\dfrac{m_*}{m_\odot}$
308 000	23	19,4	2,1	0,06	0,50
59 000	15,5	5,9	1,5	0,04	0,44
12 250	10,5	2,1	1,2	0,02	0,33
3 370	7,6	0,9	0,97	0,009	0,23
930	5,5	0,4	0,81	0,005	0,16
213	3,8	0,21	0,71	0,002	0,12
93	3,0	0,11	0,58		

Aufgabe:

9. Tragen Sie $\lg \dfrac{L}{L_\odot}$ gegen $\lg \dfrac{m}{m_\odot}$ auf!

Man kann die Beziehung zwischen Masse und Leuchtkraft nicht durch eine einzige Funktion beschreiben. Die Theorie bietet nur Abschätzungen. Für sie ist die empirisch gefundene Masse-Leuchtkraft-Beziehung aber wichtig, weil sie eine erste und enge Beziehung zwischen der Theorie des Sternaufbaus und der Beobachtung herstellt. Wegen ihres völlig anderen inneren Aufbaus fügen sich die Riesen und die weißen Zwerge nicht in die durch Tabelle 3.12 gegebene Beziehung ein. Da man Massen aus ihren Gravitationswirkungen nur für sehr wenige Sterne bestimmen kann, ist das Masse-Leuchtkraft-Diagramm ein unentbehrliches Hilfsmittel, wenn man eine Aussage über die Massenverteilung in großen Räumen braucht. Das ist z. B. der Fall bei der Frage nach der Dynamik des Milchstraßensystems.

3.2.5 Temperaturen von Planeten und Monden

a) Körper ohne Eigenwärme

Unter der Albedo (Weiße, Reflexionsvermögen) A eines Körpers versteht man das Verhältnis der allseitig gestreuten zu der einfallenden Strahlung. Der Bruchteil $1 - A$ wird absorbiert, in Wärme verwandelt und in anderen Frequenzen wieder abgestrahlt. Nimmt man zunächst an, daß ein Planet oder Mond wie ein schwarzer Körper strahlt, dann beträgt die pro Flächen- und Zeiteinheit abgegebene Energie σT_P^4, wobei T_P die Temperatur des Planeten ist. Die von dem Planeten pro Flächen- und Zeiteinheit aufgenommene Energie hängt von seiner Entfernung a_P von der Sonne und seiner Albedo A ab. Für die pro Flächeneinheit absorbierte Leistung gilt, wenn a_E die Entfernung der Erde von der Sonne und S die Solarkonstante ist

$$P_{abs} = (1 - A) \cdot S \cdot \left(\frac{a_E}{a_P}\right)^2 . \tag{3.13a}$$

Hat sich Gleichgewicht zwischen aufgenommener und abgestrahlter Energie eingestellt, herrscht eine Temperatur, die nach folgender Beziehung berechnet werden kann:

$$\sigma \cdot T_P^4 = (1 - A) \cdot S \cdot \left(\frac{a_E}{a_P}\right)^2 . \tag{3.13b}$$

Planeten und Monde strahlen nicht wie schwarze Körper. Zur linken Seite der Gl. (3.13b) tritt deshalb ein Faktor ungleich 1, der aber meist nicht stark von 1 abweicht. Da zur Berechnung von T die 4. Wurzel gezogen werden muß, spielt dieser Faktor keine bedeutende Rolle.

Zunächst soll angenommen werden, daß der Planet oder der Mond sich so langsam in bezug auf die Sonne dreht, daß man die Wirkung einer Rotation auf die sich einstellende Temperatur an der Oberfläche vernachlässigen kann. Dann kann man die obige Beziehung ohne Korrektur benutzen. Bei schneller Rotation bietet der Planet (Mond) der einfallenden Strahlung nicht die Fläche πr_P^2, sondern die Fläche $4 \pi r_P^2$. Zwischen der maximalen Temperatur T_{max} ohne Rotation und der mittleren Temperatur $\overline{T}$ bei genügend schneller Rotation besteht die Beziehung

$$T_{max}^4 = 4 \cdot \overline{T}^4 \tag{3.14a}$$

oder

$$T_{max} \approx 1,4 \cdot \overline{T} \quad \text{bzw.} \quad \overline{T} \approx 0,71 \cdot T_{max} . \tag{3.14b}$$

T_{max} nennt man die theoretische Strahlungstemperatur.

Zur Berechnung der Temperaturen T_{max} oder $\overline{T}$ ist u.a. die Kenntnis der Albedo nötig. In der Tabelle 3.13 sind einige Werte aus *Landolt-Börnstein* bzw. *J. Hermann* angegeben.[1])
Jo, Europa, Ganymed und Callisto sind die vier Galileischen Monde des Jupiters. Titan ist der größte Mond des Saturns, Triton der größte Mond des Neptuns.

Tabelle 3.13

	Merkur	Venus	Erde	Mars	Jupiter	Saturn	Uranus	Neptun	Pluto
A	0,096	0,61	0,37	0,15	0,44	0,47	0,57	0,51	0,12
T_{max} (K)	618	366	351	307	150	109	73	61	60
$\overline{T}$ (K)			248	217	106	77	52	43	42

	Mond	Jo	Eruopa	Ganymed	Callisto	Titan	Triton
A	0,07	0,54	0,73	0,34	0,15	0,24	0,32
T_{max} (K)	386	142	124	156	167	118	66
$\overline{T}$ (K)	274	101	88	111	119	84	47

Die wirklichen Temperaturen in bestimmten Schichten der Atmosphäre oder, wenn diese durchlässig genug ist, an der Oberfläche werden durch Messungen im Infraroten oder im mm- bis dm-Gebiet der Radiowellen ermittelt. Die Oberflächentemperatur der Venus ist unmittelbar durch Sonden gemessen worden. Es werden Werte um 750 K angegeben.

b) Körper mit Eigenwärme

Messungen im Infraroten bei 20 μm und 40 μm haben gezeigt, daß die thermische Strahlung des Jupiter etwa 2 mal so groß ist, wie die Einstrahlung durch die Sonne. Voyager 2 hat bei Saturn den Faktor 3,5 und bei Uranus den Faktor 1,3 gemessen. Der geschätzte Wert für Neptun ist 2. Als innere Wärmequelle kommt die Restwärme aus der Zeit der Planetenbildung in Frage, die bei Saturn als Erklärung allerdings nicht ganz ausreicht. Hier muß es einen weiteren Wärme liefernden Prozeß geben.

3.2.6 Atmosphären von Planeten und Monden

Ob ein Planet oder Mond eine Atmosphäre halten kann, hängt von mehreren Faktoren ab.
1. Je größer die Schwerebeschleunigung g ist, desto besser können Gase trotz der Bewegung ihrer Teilchen gehalten werden. Bei ausgedehnten Atmosphären muß man beachten, daß g mit der Höhe abnimmt. Es gilt

$$g_0 = G \cdot \frac{M}{R^2} \quad \text{und} \quad g(h) = G \cdot \frac{M}{(R+h)^2}. \tag{3.15}$$

---

[1]) siehe Literaturverzeichnis: Tabellenwerke

Für den wohl meist zutreffenden Fall $h \ll R$ kann man folgende Näherung benutzen:

$$\frac{1}{(R+h)^2} = \frac{1}{R^2} \cdot \frac{1}{\left(1+\dfrac{h}{R}\right)^2} \approx \frac{1}{R^2} \cdot \frac{1}{1+2\dfrac{h}{R}} \approx \frac{1}{R^2}\left(1-2\frac{h}{R}\right).$$

Daher ist

$$g(h) \approx g_0 \cdot \left(1 - 2\frac{h}{R}\right). \tag{3.16}$$

Von g_0 bzw. $g(h)$ hängt die Entweichgeschwindigkeit v_e ab. Aus den Beziehungen

$$\frac{1}{2} \cdot m v_e^2 = G \cdot \frac{m \cdot M}{R+h} \quad \text{und} \quad g(h) = G \cdot \frac{M}{(R+h)^2}$$

folgt

$$v_e = \sqrt{2 \cdot g(h) \cdot (R+h)} \approx \sqrt{2 g_0 \cdot \left(1 - 2\frac{h}{R}\right) \cdot (R+h)} \tag{3.17}$$

$$v_e \approx \sqrt{2 \cdot g_0 \cdot (R-h)}$$

2. In den äußersten Schichten der Atmosphäre darf die mittlere Geschwindigkeit $\bar{v}$ der Moleküle oder Atome infolge der Wärmebewegung nicht zu groß sein. Es wird geschätzt, daß Atmosphären für astronomische Zeiten, also Zeiten in der Größenordnung von einigen 10^8 a, stabil sind, wenn $\bar{v} < 0{,}2 \cdot v_e$ ist.

3. Es ist wichtig, aus welchen Bestandteilen die Atmosphäre zusammengesetzt ist. Wasserstoff wird natürlich nicht so gut gehalten wie etwa CO_2.

4. Unter Umständen ist in Betracht zu ziehen, daß eine Entgasung des Planeten oder Mondes stattfinden kann. Aus mehr oder weniger tiefen Schichten können Gase an die Oberfläche treten und dort einige Zeit festgehalten werden. In diesem Fall ist das Verhältnis der ausströmenden zu der in den interplanetaren Raum entweichenden Gasmenge wichtig.

Aus Gl. (3.1) ergibt sich $\bar{v} = \sqrt{\dfrac{3\,kT}{m}}$. m ist die Masse eines Moleküls oder Atoms.

Tabelle 3.14 enthält einige Beispiele für $\bar{v}$ und zur Benutzung des oben genannten Kriteriums auch den für den Planeten oder Mond gültigen Wert von $0{,}2 \cdot v_e$.

Man darf die Aussagekraft der in der Tabelle 3.14 aufgeführten Werte nicht überschätzen. Es ist z. B. bekannt, daß die mittlere Temperatur der Erde 15 °C oder 288 K beträgt. Sie liegt damit rund 40 K über $\bar{T}$. Das beruht auf dem sogenannten Treibhauseffekt, der bei allen Planeten mit dichteren Atmosphären zu erwarten ist. Auf der Venus ist der Treibhauseffekt wesentlich höher. Wenn man hier wegen der langsamen Rotation mit der theoretischen Strahlungstemperatur $T_{max} = 366$ K rechnet, muß man rund 400 K auf den Treibhauseffekt zurückführen. Für Mars stimmt die berechnete Temperatur $\bar{T} = 216$ K (schnelle Rotation) praktisch mit der Temperatur überein, die durch Messung der Radioemission ermittelt worden ist. Das liegt an der sehr dünnen Atmosphäre dieses Planeten.

Tabelle 3.14

	$\dfrac{T_{max}}{T}$ K	$\bar{v}$ km s^{-1}					$0,2 \cdot v_e$ km s^{-1}
		H_2	N_2	O_2	CO_2	CH_4	
Merkur	618 —	2,79	0,74	0,69	0,59	0,98	0,85
Venus	366 —	2,13	0,57	0,53	0,46	0,75	2,1
Erde	351	2,09	0,55	0,52	0,44	0,73	2,24
	248	1,75	0,47	0,44	0,37	0,62	
Mond	386 —	2,19	0,58	0,55	0,47	0,78	0,48
Mars	307	1,95	0,52	0,49	0,41	0,69	1,0
	217	1,64	0,44	0,41	0,35	0,58	
Jupiter	150	1,36	0,36	0,34	0,29	0,48	12,0
	106	1,14	0,31	0,29	0,25	0,34	
Saturn	109	1,16	0,31	0,29	0,25	0,41	7,1
	77	0,97	0,26	0,25	0,20	0,34	
Titan	118	1,21	0,32	0,30	0,26	0,43	0,54
	84	1,02	0,27	0,25	0,22	0,36	

Natürlich können auch die gemessenen Temperaturen – z. B. 700 K für die Venus, 288 K für die Erde – nicht unmittelbar zur Berechnung der thermischen Geschwindigkeit benutzt werden. Denn das Entweichen spielt sich in den äußersten Schichten der Atmosphäre ab und die genannten Temperaturen gelten für die Oberfläche. Weiter ist zu beachten, ob man bei der Messung des Radius höhere Schichten der Atmosphäre mit einschließt oder nicht. Venus, Jupiter und Saturn z. B. sind von einer dichten Wolkenschicht umgeben, so daß man den Radius des eigentlichen Planetenkörpers nicht direkt erhält. Merkur, Mars und der Mond dagegen bieten dem Beobachter die feste Oberfläche.

Aufgaben:

1. Wie groß ist die Entweichgeschwindigkeit aus dem Gravitationsfeld der Erde in 100 km, 200 km, 300 km Höhe?
2. Wie groß ist die Entweichgeschwindigkeit an der Oberfläche der Sonne? Wie groß sind die thermischen Geschwindigkeiten von H, He, N und O bei 5780 K?

Über die Atmosphären der Planeten und einiger Monde ist zur Zeit folgendes bekannt:

Merkus: Nach Messungen durch Mariner 10 besitzt Merkur eine äußerst dünne Atmosphäre (Druck: 10^{-11} bar = 10^{-6} Pa; Dichte: 10^{-7} g cm^{-3}), die vorwiegend aus Helium besteht.

Venus: Die untere Atmosphäre der Venus besteht zu rund 96 % aus CO_2 und gut 3,4 % aus N_2. Wasserdampf ist in geringem Maße, SO_2, O_2, HCl, HF und Edelgase sind in Spuren vorhanden. Neben dem CO_2 bewirken vor allem Wasserdampf und SO_2 durch ihre hohe Undurchlässigkeit für Infrarotstrahlung von der Venusoberfläche den sogenannten Treibhauseffekt mit Temperaturen bis zu 750 K. Bemerkenswert ist der hohe Druck der Atmosphäre. Mit bis zu 10^7 Pa = 100 bar ist er 100mal so hoch wie der Luftdruck auf der Erde. – In 60 bis 70 km Höhe besteht die Wolkenschicht zu 75 % aus Schwefelsäure in Form kleinster Tröpfchen. Aktiver Vulkanismus dürfte die Ursache für den hohen Schwefelanteil sein. Diese Schicht ist auch durch hohe Windgeschwindigkeiten von etwa 100 m s^{-1} gekennzeichnet. Der Wind weht von Ost nach West und damit gleichsinnig zur Venusrotation. Mit 243 Tagen ist die siderische Rotationsperiode rund 60mal so lang, wie ein Umlauf der oberen Wolkenschicht dauert. – In noch größeren Höhen der Atmosphäre überwiegt zunächst atomarer Sauerstoff und dann Helium.

Mars: Auch die Marsatmosphäre besteht im wesentlichen aus CO_2 (95 %). Durch die weich gelandeten Marssonden Viking 1 und 2 (Juli/August 1976) wurden N_2 (2,7 %), Ar (1,6 %) und O_2 (0,3 %) gemessen. Der Oberflächendruck schwankt zwischen 600 und 1 000 Pa (6 ... 10 mbar). Trotz dieses geringen Druckes können Winde mit Geschwindigkeiten von über 200 km h^{-1} zu gewaltigen Staubstürmen führen, die die Sicht zum Marsboden verhindern.

Jupiter: Die Atmosphäre des Jupiters ist zu etwa 1 % an seiner Gesamtmasse beteiligt. Ihre Zusammensetzung war schon vor den Voyager-Sonden gut bekannt. Sie besteht im wesentlichen aus Wasserstoff und Helium, etwa im Verhältnis 9 : 1 (nach Molekül- bzw. Atomzahlen). Die Existenz von H_2 ist 1960 sichergestellt worden. Schon 1932 hat *R. Wildt* Methan und Ammoniak nachgewiesen. Astronomen des Kitt Peak National Observatory haben 1974 Spuren von Äthan (C_2H_6) und Azetylen (C_2H_2) entdeckt. Diese komplizierteren Moleküle können aus den Spaltprodukten von CH_4 und NH_3 entstehen. Die Spaltung erfolgt durch die UV-Strahlung der Sonne. Aus Azetylen kann unter Einfluß von α-Strahlen der Sonne der Farbstoff Cupren gebildet werden, der u.a. zu der gelben bis roten Färbung der Wolkendecke beiträgt.

Saturn, Uranus, Neptun: Aus den Spektren dieser Planeten kann man schließen, daß die Zusammensetzung ihrer Atmosphäre weitgehend derjenigen des Jupiters gleicht. Wie bei Jupiter sind durch Voyager 2 auch bei Saturn und Uranus Wolkenbänder- und Zonen parallel zum Äquator festgestellt worden. Am Äquator sind die Strömungsgeschwindigkeiten am höchsten und erreichen bei Saturn 500 m s^{-1}. Bemerkenswert ist die konzentrische Anordnung der Wolkenbänder beim Uranus, da die Achse dieses Planeten nahezu in der Ekliptikebene liegt. Dies läßt darauf schließen, daß die innere Wärme des Uranus das „Wetter" dort mehr beeinflußt als die Sonneneinstrahlung.

Pluto: 1980 wurde auf Pluto Methan spektroskopisch nachgewiesen. Der Druck (ungefähr 10 Pa = 0,2 mbar) hängt stark von der Sonneneinstrahlung ab, da das Gas aus dem Methaneis der Planetenoberfläche herausdampft. Wegen der relativ großen Exzentrizität der Plutobahn ändert sich die Entfernung zur Sonne erheblich.

Erdmond: Man kann auch bei unserem Mond von einer Atmosphäre sprechen. Immer wieder treten Gase aus der Oberfläche aus. Diese werden allerdings innerhalb von Wochen oder Monaten durch den Sonnenwind fortgetrieben. Messungen haben ergeben, daß nahe der Oberfläche in 1 cm^3 weniger als 10^7 Atome oder Moleküle sind. Die gesamte Masse der Atmosphäre wird auf 10^4 kg geschätzt. Die Masse der irdischen Atmosphäre beträgt etwa $5,3 \cdot 10^{18}$ kg.

Titan: Titan ist der einzige Mond mit einer dichten Atmosphäre, eine Aerosolschicht verhindert den Blick zur Oberfläche. Bei Spektraluntersuchungen von der Erde aus wurde CH_4 und H_2 nachgewiesen, doch zeigten die Voyager-Sonden, daß N_2 mit über 80 % Hauptbestandteil der Titanatmosphäre ist. Vermutet, wenn auch spektroskopisch nicht nachgewiesen, wird ein 12prozentiger Anteil von Argon.

Die *großen Monde des Jupiter:* Ein spektroskopischer Nachweis für vermutete Atmosphären liegt noch nicht vor. Doch gibt es für Jo und Europa interessante Beobachtungen. Beide Monde erscheinen heller, wenn sie aus dem Schatten des Jupiters austreten, Jo für etwa 15 min um $0,09^{m}$, Europa für 10 min um $0,03^{m}$. Da die Monde sich über zwei Stunden im Schatten aufhalten, sinkt die Temperatur auf ihnen so weit ab, daß ein Teil der atmosphärischen Gase ausfriert. Die entstandenen Eisschichten sind nun bis zu ihrer Auflösung die Ursache für das bessere Reflexionsvermögen. Die Oberfläche von Jo enthält viel Schwefel und Schwefeldioxid als Folge des aktiven Vulkanismus, diejenige von Europa besteht zu einem großen Teil aus Wassereis. Auf Jo wurde durch die Raumsonden eine dünne Schwefeldioxidatmosphäre mit etwa 0,01 Pa Druck nachgewiesen.

4 Linienspektren, Dopplereffekt

Die Spektralanalyse führt zu einer Fülle interessanter und wichtiger Einsichten. Man erhält nicht nur Auskunft über die chemische Zusammensetzung der Gestirne und interstellaren Materie, sondern auch über ihre Bewegung und die im Weltall herrschenden physikalischen Bedingungen.

4.1 Notwendige Kenntnisse aus der Physik

4.1.1 Linien-(und Banden-)Spektren

Vorausgesetzt wird die Kenntnis der Beziehung $\lambda \cdot \nu = c$.

Zerlegt man das Licht leuchtender Gase, so erhält man ein Linienspektrum. Jedes Element und jedes Molekül erzeugt charakteristische Linien. Diese können bei Emission oder Absorption auftreten. Eine gesetzmäßige Folge von Linien bezeichnet man als Serie. Am einfachsten sind die Serien des Wasserstoffatoms, die Lyman-, Balmerserie usw. Eine Linie, also Licht einer bestimmten Frequenz, wird ausgesandt, wenn ein Atom (Molekül) von einem höheren in einen niedrigeren Energiezustand übergeht. Der Zusammenhang zwischen Frequenz und Energieänderung ist durch die Bohrsche Frequenzbedingung gegeben:

$$h\nu = \Delta E. \tag{4.1}$$

Bei Absorption entstehen Linien, wenn Atome (Moleküle) aus einem kontinuierlichen Spektrum Licht absorbieren. Sie gehen dann von einem niedrigeren in einen höheren Energiezustand über. Wenn die absorbierte Energie dazu dient, die lokale Temperatur in dem absorbierenden Bereich aufrechtzuerhalten oder zu erhöhen, spricht man von *wahrer Absorption*. Damit ist eine Reemission über einen weiten Frequenzbereich verbunden. Wird die Strahlung, die bei der Frequenz ν absorbiert wurde, bei der gleichen Frequenz wieder ausgestrahlt, handelt es sich um *Streuung. Für die Entstehung von Absorptionslinien in Sternspektren ist im wesentlichen die Streuung verantwortlich.*

Jede Linie besitzt eine *natürliche Breite.* Am einfachsten läßt sich diese Tatsache mit Hilfe der quantenmechanischen Unbestimmtheitsrelation

$$\Delta E \cdot \Delta t \approx \hbar, \quad \hbar = \frac{h}{2\pi} \tag{4.2}$$

erklären. Im tiefsten Energieniveau besitzt ein Atom eine „unendliche" Lebensdauer Δt. Dann aber ist $\Delta E = 0$. Das Energieniveau ist scharf. In einem höheren Energieniveau besitzt ein Atom nur eine beschränkte Lebensdauer ($\approx 10^{-8}$ s). Das Energieniveau ist also verbreitert (Bild 4.1).

$$E_i \hspace{1em} \Big\} \Delta E_i$$

Bild 4.1

$$E_o \rule{4cm}{0.4pt}$$

Nach der Bohrschen Frequenzbedingung entsteht beim Übergang aus dem i-ten Niveau in das Grundniveau eine Linie der Breite

$$\Delta\nu = \frac{\Delta E_i}{h}. \qquad (4.3)$$

Beim Übergang zwischen zwei Energieniveaus, die beide über dem Grundniveau liegen, spielt natürlich die Breite beider Niveaus eine Rolle.

Es gibt Energiezustände, deren Lebensdauer ungewöhnlich groß ist (u. U. viele Sekunden). Man nennt sie *metastabile Zustände*. Die zugehörigen Energieniveaus sind sehr scharf. Linien, die beim Übergang von diesen Niveaus in den Grundzustand entstehen, sind entsprechend schmal.

Die Spektrallinien besitzen ein *Profil*. Bild 4.2 zeigt schematisch den Intensitätsverlauf innerhalb einer Fraunhoferlinie.

Bild 4.3 zeigt das mit einem Mikrophotometer gewonnene Profil der D-Linien des Natriums im Sonnenspektrum. (Die Intensität wird üblicherweise nicht gegen die Frequenz, sondern gegen die Wellenlänge aufgetragen.)

Wichtig sind die Begriffe *Restintensität, Halbwertsbreite* und *Äquivalentbreite*. Die ersten beiden sind aus Bild 4.2 ohne weiteres verständlich. Die Äquivalentbreite gibt die Breite eines rechteckigen Streifens im Spektrum an, der die gleiche Fläche wie die wirkliche Linie besitzt.

Die Berechnung des genauen Linienprofils aus den Bedingungen in der Sternatmosphäre ist sehr kompliziert und meist nur mit großen und schnellen Rechenanlagen möglich.

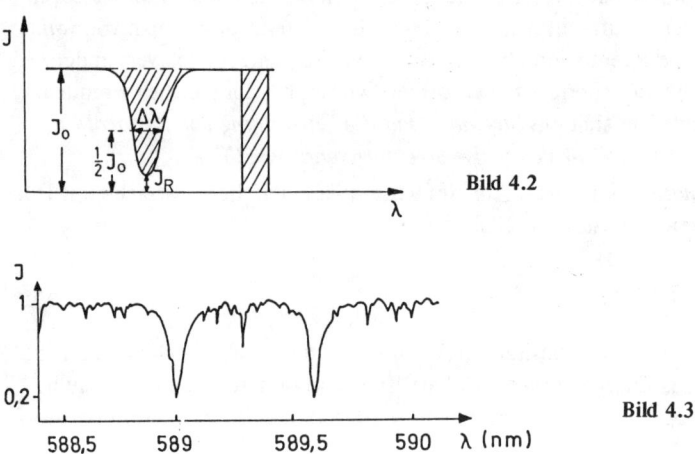

Bild 4.2

Bild 4.3

4.1.2 Doppler-Effekt

Der optische Doppler-Effekt unterscheidet sich von dem akustischen, weil es bei der Ausbreitung des Lichts im Vakuum kein Medium gibt, in bezug auf das die Bewegung einer

Lichtquelle oder eines Beobachters festgestellt werden könnte. Hier spielt nur die relative Bewegung zwischen Beobachter und Lichtquelle eine Rolle. Statt der drei Fälle − 1. der Beobachter ruht, die Quelle bewegt sich, 2. der Beobachter bewegt sich, die Quelle ruht, 3. Beobachter und Quelle bewegen sich, wobei in allen drei Fällen die Bewegung in bezug auf das Medium, in dem der Schall sich ausbreitet, betrachtet wird − gibt es in der Optik nur einen Fall und eine Beziehung:

$$\nu = \nu_0 \left(1 - \frac{v_r}{c}\right). \tag{4.4}$$

Bewegungen aufeinander zu werden in der Astronomie durch eine negative Geschwindigkeitskomponente in der Gesichtslinie − Radialgeschwindigkeit v_r −, Bewegungen, die zu einer wachsenden Entfernung führen, mit positiver Komponente angegeben. Deshalb muß in Gleichung (4.4) ein Minuszeichen stehen. Gl. (4.4) läßt sich umformen:

$$\frac{\nu_0 - \nu}{\nu_0} = \frac{v_r}{c}.$$

Mit $\nu_0 - \nu = \Delta \nu$ erhält man

$$\Delta \nu = \nu_0 \cdot \frac{v_r}{c}. \tag{4.5a}$$

Setzt man $\lambda - \lambda_0 = \Delta\lambda$, so kann man auch schreiben

$$\Delta\lambda = \lambda_0 \cdot \frac{v_r}{c}. \tag{4.5b}$$

Die Beziehungen (4.4), (4.5a) und (4.5b) gelten nur, solange $v_r \ll c$ ist. Es gibt aber Geschwindigkeiten kosmischer Objekte − entfernte Sternsysteme, Quasare −, für die diese Bedingung nicht mehr gilt. Man hat Verschiebungen im Spektrum einzelner Objekte gemessen, für die $\frac{\Delta\lambda}{\lambda_0} > 1$ ist. Aus Gl. (4.5b) würde dann $v_r > c$ folgen.

Falls v_r im Vergleich mit c nicht mehr verschwindend klein ist, muß die aus der Relativitätstheorie folgende Beziehung benutzt werden. Sie soll hier ohne Herleitung mitgeteilt werden:

$$\frac{\Delta\lambda}{\lambda_0} = \sqrt{\frac{1 + \beta}{1 - \beta}} - 1; \quad \beta = \frac{v_r}{c}. \tag{4.6}$$

Aufgabe:

Zeigen Sie, daß die Beziehung (4.6) für $\beta \ll 1$ in die nichtrelativistische Beziehung (4.5b) übergeht!

4.2 Astronomische Probleme

4.2.1 Qualitative Spektralanalyse

Die Information durch Spektren, insbesondere Linienspektren, ist viel größer, als oft bei erster und nur oberflächlicher Beschäftigung mit diesem Gebiet angenommen wird.

Das Sonnenspektrum. *Fraunhofer* veröffentlichte 1814 ein Verzeichnis von 567 Absorptionslinien im Sonnenspektrum. Heute sind allein im Bereich von 293,5 nm bis 877 nm rund 22 000 Linien bekannt.[1] Sie sind z.B. in den Rowland Tafeln auf 10^{-4} nm genau angegeben. Eine größere Anzahl von Linien entsteht in der Erdatmosphäre. Man muß entscheiden, welche Linien *terrestrischen* und welche *solaren* Ursprungs sind. Dazu gibt es mehrere Möglichkeiten.

1. Mit zunehmender Höhe der Sonne über dem Horizont muß die Intensität der terrestrischen Linien abnehmen, während die der solaren Linien konstant bleibt.

2. Benutzt man zur Aufnahme des Spektrums Licht vom Ost- oder Westrand der Sonne, so zeigen die solaren Linien eine Dopplerverschiebung (vom Ostrand zu kürzeren, vom Westrand zu längeren Wellenlängen) (Bild 4.4). .

3. Die bei feuchter und trockener Atmosphäre aufgenommenen Spektren unterscheiden sich durch die Anzahl der Linien. Viele Linien entstehen durch den Wasserdampf in der Erdatmosphäre. Man spricht auch von Regenbanden (Bild 4.5).

Die *Identifizierung,* d.h. die Zuordnung von beobachteten Linien zu Elementen oder Verbindungen, die diese Linien erzeugen, geschieht mit Hilfe von Spektren, die im Laboratorium gewonnen worden sind. Diese Aufgabe ist allerdings wesentlich schwieriger, als es scheint. Es ist u.a. folgendes zu beachten:

1. Bei der großen Anzahl von Linien im Sonnenspektrum muß man sich vor zufälligen Koinzidenzen hüten.

2. Gelegentlich werden im Sonnenspektrum schwache Linien von starken überdeckt, so daß sie sich der Beobachtung entziehen.

3. Lage, Form oder Profil, Restintensität und Äquivalentbreite der Linien hängen von den Bedingungen ab, unter denen diese Linien entstehen. Es ist aber nicht möglich, die Bedingungen auf der Sonne im Laboratorium nachzuahmen. Sie sind zunächst auch gar nicht bekannt. Man möchte diese Bedingungen ja gerade durch das Studium des Spektrums kennen lernen.

Zur sicheren Identifizierung stützt man sich auf die Erkenntnisse der Atomtheorie, die u.a. für bestimmte Elemente Serien voraussagt. Wenn man glaubt, eine Linie einem bestimmten Element zuordnen zu können, muß man nach den anderen Mitgliedern der Serie suchen, zu der diese eine Linie gehört.

Von den Linien zwischen 293,5 nm und 877,0 nm sind zur Zeit 75 % identifiziert. Unter ihnen sind Linien zweiatomiger Moleküle wie CH, CN, CO, C_2, MgH, OH. Diese Moleküle treten in stärkerem Maße im Bereich der *Sonnenflecken* auf. Wegen der geringeren Temperatur in den Flecken (siehe Abschnitt 3.2.1, Aufgabe 2) ist die Möglichkeit zur Bildung der Moleküle und ihre Lebensdauer dort größer.

68 Elemente sind mit Sicherheit auf der Sonne nachgewiesen. Zu den noch nicht nachgewiesenen Elementen gehören z.B. Br, Kr, Xe, Bi, Hg, U. Auch diese Elemente werden auf der Sonne vorhanden sein. Doch ist ihr Nachweis aus verschiedenen Gründen recht schwierig.

---

[1] Dabei sind schwächere, mit photoelektrischen Methoden ermittelte Linien nicht mitgezählt.

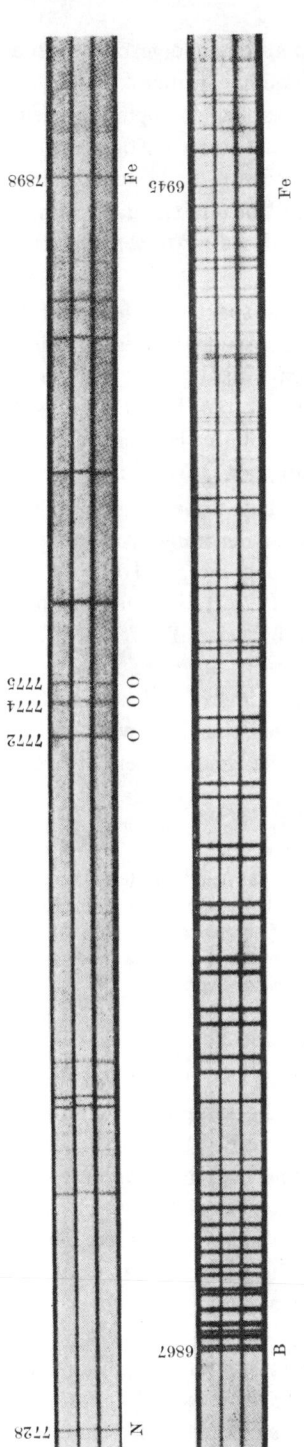

Bild 4.4 Teile des Sonnenspektrums. Oben von λ 7728 bis λ 7898 mit Linien solaren Ursprunges, unten: Gegend der *B*-Bande des O₂ mit Linien terrestrischen Ursprunges. *a* Ostrand. *b* Westrand. (Nach Meggers)

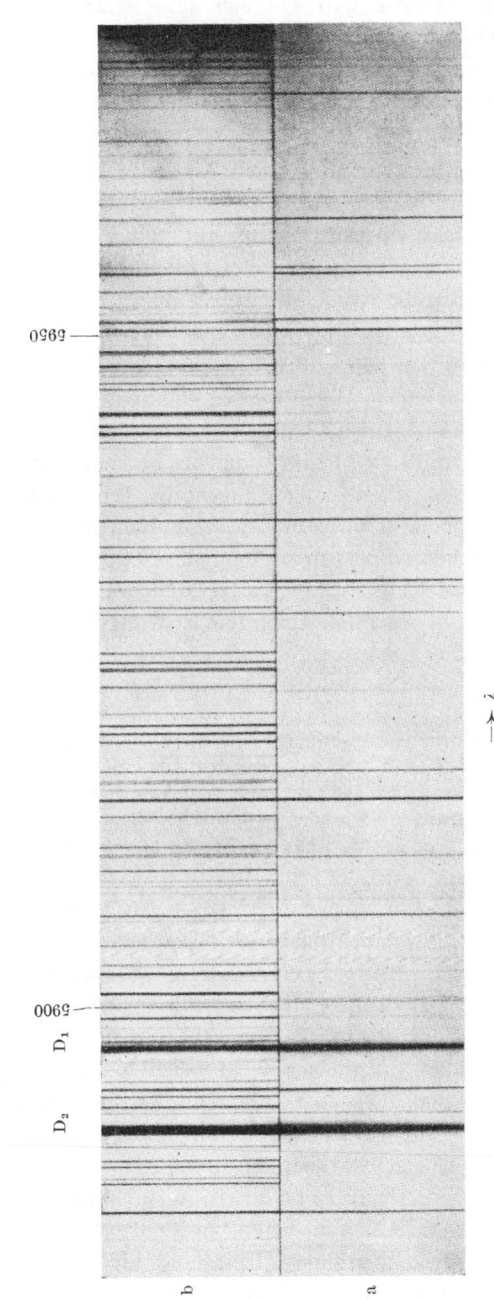

→ λ

Bild 4.5 Das Sonnenspektrum in der Gegend der *D*-Linien des Na. Obere Aufnahme: bei feuchtem Wetter. Untere Aufnahme: bei trockenem Wetter. (Nach Jewell)

Sternspektren. Das Spektrum der Sonne kann auf viele Meter auseinandergezogen werden. Man erhält so ein sehr gutes Auflösungsvermögen. In dem mit dem Turmteleskop der Mount Wilson Sternwarte und dem zugehörigen Gitterspektrographen erzeugten Sonnenspektrum haben z. B. die D-Linien des Natriums in der 3. Ordnung einen Abstand von 29 mm (λ_{D_1} = 589,0 nm, λ_{D_2} = 589,6 nm). Das Spektrum eines Sterns ist bestenfalls einige Zentimeter lang. Die Anzahl der Linien beträgt unter günstigen Umständen einige hundert. Doch bietet auch ein solches Spektrum so viele Informationen, daß die Auswertung oft Monate dauert.

Neben den Spaltspektrographen, bei denen das Licht *eines* Sterns spektral zerlegt wird, ist für viele Zwecke ein Astrograph mit einem Objektivprisma in Gebrauch. Hier ist vor die gesamte Optik ein großes Prisma mit meist kleinem brechenden Winkel gesetzt. Man erhält so auf der Photoplatte gleich eine große Anzahl von Sternspektren. Die lineare Dispersion, d. h. die Anzahl der Wellenlängen auf 1 mm der Photoplatte, ist wesentlich schlechter als bei Spaltspektrographen, etwa 15 ... 50 nm/mm gegen 0,1 ... 5 nm/mm.

In den Spektren sehr heißer Sterne findet man Linien von Elementen, die bisher auf der Sonne nicht nachgewiesen werden konnten, z. B. Ne. Das liegt an der hohen Anregungsenergie dieser Elemente. Auch Wasserstoff hat eine hohe Anregungsenergie: 10,15 eV vom Grundzustand (n = 1) zum 1. darüber liegenden Energieniveau (n = 2). Rechnet man nach der Beziehung $eU = \frac{3}{2} kT$ die zugehörige Temperatur aus, so erhält man T = 78 420 K. Diese Temperatur wird nur in wenigen Sternen erreicht. Doch selbst auf der Sonne, deren Photosphärentemperatur nicht einmal 6 000 K beträgt, sind die Linien des Wasserstoffs leicht nachzuweisen. Das hat zwei Gründe. Einmal ist die Maxwellsche Geschwindigkeitsverteilung zu beachten. Außerdem ist Wasserstoff das weitaus häufigste Element auf der Sonne und den Sternen.

Aufgabe:

Die rote Linie im Neonspektrum mit λ = 633 nm wird ausgesandt, wenn das Atom aus dem Energieniveau, das 20,66 eV über dem Grundzustand liegt, in das Energieniveau bei 18,70 eV übergeht. Entsprechend kann diese Linie nur absorbiert werden, wenn Atome in dem Energieniveau 18,70 eV über dem Grundzustand vorhanden sind. Welche Temperatur ist notwendig, um Ne-Atome auf dieses Niveau zu bringen? Von der Maxwellschen Geschwindigkeitsverteilung soll abgesehen werden.

4.2.2 Einige Bemerkungen zur quantitativen Spektralanalyse

Die quantitative Spektralanalyse bringt mehr als nur die Kenntnis über die Häufigkeitsverteilung der Elemente. Es ergeben sich z. B. auch Aussagen über die Temperaturverteilung in der Sternatmosphäre, die Schwerebeschleunigung, den Gas- und Elektronendruck und die Ionisationsverhältnisse. Man geht in zwei Schritten vor. Zunächst führt man unter stark vereinfachten Annahmen eine Grobanalyse durch. So nimmt man beispielsweise für die gesamte Atmosphäre eine einheitliche Temperatur an. Man erhält dann für Atome, deren (quantenmechanische) Eigenschaften genügend bekannt sind, die Anzahl, die in einer Säule von 1 m^2 Querschnitt über der Sternoberfläche enthalten sind und die sich in einem bestimmten Energieniveau befinden. So kann man aus den Linien der Balmerserie schließen, wieviel H-Atome sich im ersten Energieniveau über dem Grundzustand (n = 2) befinden. Kennt man die Anzahl der Atome eines Elements für alle Energieniveaus und Ionisationszustände, so hat man sofort die Gesamtanzahl der Atome dieses Elements. Berechnungen für verschiedene Elemente führen zu einer ersten und groben Häufigkeitsverteilung.

Im nächsten Schritt wird eine Feinanalyse durchgeführt. Man geht von einem Modell der zu untersuchenden Sternatmosphäre aus. Ein brauchbares Modell findet man, indem man die aus der Grobanalyse naheliegenden Annahmen über T_e, g und die chemische Zusammensetzung macht. Dann berechnet man das zu diesem Modell gehörige Spektrum. Das ist noch relativ einfach unter der Annahme des lokalen thermodynamischen Gleichgewichts – LTE[1] –, einer Annahme, die schon weit über die einer einheitlichen Temperatur in der gesamten Atmosphäre hinausgeht. Für sehr heiße Sterne reicht aber auch die Annahme des LTE nicht aus. Wenn man alle Faktoren berücksichtigen will, die auf die Entstehung eines Spektrums Einfluß haben, braucht man zur Durchführung der Rechnungen große und schnelle elektronische Rechner. Ihr Ergebnis vergleicht man mit dem beobachteten Spektrum. Dabei spielen u. a. die Äquivalentbreiten und Linienprofile eine wichtige Rolle. Aus den Abweichungen zwischen Beobachtung und Rechnung kann man auf bessere Ausgangswerte für das Modell schließen. Dem besten Modell kann man sich nur schrittweise nähern. Tabelle 4.1 gibt die Häufigkeitsverteilung einiger Elemente in der So-Atmosphäre und in einigen Sternatmosphären an. Für die Sonne sind T_e und g auch ohne Spektralanalyse mit guter Genauigkeit bekannt. Außerdem ist die Information, die das So-Spektrum bietet, unvergleichlich reichhaltiger als die eines jeden Sternspektrums.

Tabelle 4.1

	Sonne	Wega = α-Lyrae	Deneb = α-Cygni	τ-Scorpii
H	12,0	12,0	12,0	12,0
He	11,0	11,4	11,6	11,0
C	8,5	–	8,2	8,1
N	7,9	8,7	9,4	8,3
O	8,9	9,4	9,2	8,7
Ca	6,4	6,1	6,7	–

Die Zahlen bedeuten Logarithmen. Für die Sonne gilt z. B.: Auf 10^{12} H-Atome kommen rund 10^{11} He-Atome, $3,2 \cdot 10^8$ C-Atome, $8 \cdot 10^7$ N-Atome, $8 \cdot 10^8$ O-Atome, $2,5 \cdot 10^6$ Ca-Atome usw.
Das Atomzahlverhältnis von H zu He auf der Sonne ist also 10 : 1, das Massenverhältnis 10 : 4. Bei 70 % H gibt es 28 % He. Die übrigen 2 % bestehen aus allen anderen Elementen, die der Astronom kurz „schwere Elemente" nennt.

4.2.3 Die Balmerserie in Absorption

Von den Linien des Wasserstoffs sind im sichtbaren Bereich allein Linien der Balmerserie zu sehen. Ihre Stärke variiert mit der Oberflächentemperatur. Am kräftigsten sind sie bei etwa 11 000 K. Sie entstehen, wenn H-Atome durch Absorption von Strahlung aus dem Energiezustand mit der Hauptquantenzahl n = 2 in einen höheren Energiezustand übergehen. Damit die Linien überhaupt beobachtbar, u. U. sogar recht kräftig sind, müssen

---

[1] LTE = Local Thermodynamical Equilibrium herrscht dann, wenn die absorbierte Energie überall entsprechend der lokalen, also nicht einer in der ganzen Atmosphäre einheitlichen Temperatur nach dem Planckschen Strahlungsgesetz emittiert wird (Schichten verschiedener Temperatur).

genügend viele Atome in dem angeregten Zustand (n = 2) sein. Für den Übergang vom Grundzustand in diesen angeregten Zustand ist die Zufuhr von Energie im Betrage von 10,15 eV nötig. Rechnet man nach der Beziehung $\frac{3}{2}$ kT = eU die zugehörige Temperatur aus, so erhält man T ≈ 78 500 K. Das ist weit mehr als 11 000 K und erst recht mehr als die Oberflächentemperatur der Sonne von 5 800 K.

Nun braucht sich natürlich nur ein Bruchteil der H-Atome in dem Energiezustand mit n = 2 zu befinden. Nach einer von Boltzmann angegebenen Beziehung läßt sich dieser Bruchteil berechnen. Diese Beziehung wird hier benutzt, kann aber nicht hergeleitet werden. Ihre physikalische Aussage ist auch ohne Herleitung verständlich. Die mit ihr gewonnenen Erkenntnisse sind sehr interessant.

Sie lautet

$$\frac{N_2}{N_1} = \frac{g_2}{g_1}\, e^{-\frac{E_{12}}{kT}}.$$

(4.7)

N_2 ist die Anzahl der H-Atome im 2. Quantenzustand, N_1 die Anzahl im Grundzustand. E_{12} ist die Energiedifferenz zwischen diesen beiden Zuständen, für den betrachteten Fall also 10,15 eV. g_1 und g_2 sind statistische Gewichte. (Allgemein geben die g_n an, in wieviel Terme ein Atomzustand aufgespalten wird, wenn alle Entartungen fortfallen.) Für Wasserstoff gilt $g_n = 2 \cdot n^2$.

Im Fall der Balmerserie im So-Spektrum erhält man also

$$\frac{N_2}{N_1} = \frac{2 \cdot 2^2}{2 \cdot 1^2} \cdot e^{-\frac{10,15 \cdot 1,602 \cdot 10^{-19}}{1,3806 \cdot 10^{-23} \cdot 5800}} \approx 4 \cdot e^{-20,3} \approx 6,1 \cdot 10^{-9}$$

Unter den Verhältnissen auf der Sonne genügt es also schon, wenn auf einige 10^8 H-Atome im Grundzustand ein Atom im ersten angeregten Zustand kommt, damit die Linien der Balmerserie in Absorption deutlich sichtbar werden.

Für Sterne mit einer Oberflächentemperatur von 11 000 K ergibt sich $\frac{N_2}{N_1} \approx 9 \cdot 10^{-5} \approx 10^{-4}$,

d.h. etwa jedes 10 000. H-Atom ist in dem Zustand, von dem aus Balmerlinien in Absorption entstehen können. Es ist also kein Wunder, daß die Balmerlinien in den Spektren dieser dieser Sterne sehr viel kräftiger als im So-Spektrum sind. (Der Einfachheit halber ist von anderen angeregten Zuständen und einer möglichen Ionisation abgesehen worden. Für die hier im Vordergrund stehenden Überlegungen genügt die durchgeführte Betrachtung.)

Für noch höhere Temperaturen nimmt die Besetzungszahl für den Energiezustand mit n = 2 im Vergleich mit der Anzahl der H-Atome in anderen Quantenzuständen und den ionisierten H-Atomen mehr und mehr ab. Die Balmerserie wird schwächer. Bei tieferen Temperaturen sind nur sehr wenige H-Atome im angeregten Zustand. *Die Balmerserie ist also sowohl für kühle als auch sehr heiße Sterne schwach.* Daß sie in diesen Fällen überhaupt zu beobachten ist, liegt an der großen Häufigkeit des Wasserstoffs.

Auch die Linien anderer Atome und bei kühleren Sternen die Linien bzw. Banden von Molekülen zeigen eine Abhängigkeit von der Temperatur. Man kann daraus Kriterien für die Temperatur herleiten.

4.2.4 Aufnahmen der Sonne im Licht einzelner Linien; Aufnahmen im Licht aus der Mitte oder den Flügeln einzelner Linien

1892 wurde durch *Hale* (1868–1938, Amerika) und *Deslandres* (1853–1948, Frankreich) zum ersten Mal der Spektroheliograph zur Beobachtung der Sonne eingesetzt. Mit diesem Gerät gewinnt man monochromatische Bilder der Sonne. Die Wirkungsweise geht aus Bild 4.6 hervor. Statt eines Systems aus Prismen werden auch Reflexionsgitter benutzt.

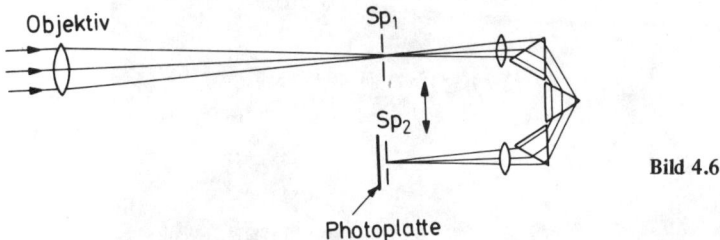

Bild 4.6

Der Spalt Sp_2 wird auf eine bestimmte Linie des Spektrums eingestellt. Häufig benutzte Linien sind die Wasserstofflinie H_α und die Linien H und K (nach Fraunhofer) des einfach ionisierten Calciums, Ca^+ oder CaII. Man kann entweder den ganzen Monochromator in Richtung des Doppelpfeils so bewegen, daß das von dem Objektiv erzeugte So-Bild überstrichen wird. Dabei wird die Photoplatte nicht bewegt. Man kann aber auch das So-Bild über den Spalt Sp_1 führen. Dann muß die Photoplatte synchron mitbewegt werden. Der Spalt Sp_2 darf nur einen Wellenlängenbereich von 0,03 ... 0,05 nm hindurchlassen, wenn man auch Aufnahmen im Licht aus Teilbereichen einer Linie machen will. Der schmale Spalt und die geringere Intensität in der Absorptionslinie bewirken, daß die Flächenhelligkeit des monochromatischen So-Bildes wesentlich geringer als die Flächenhelligkeit des So-Bildes im integralen Licht ist (etwa $10^{-5} : 1$).

Die meisten monochromatischen So-Bilder werden mit Licht aus der Linienmitte oder den Flügeln einer Linie gemacht (Bild 4.7).

Bild 4.7 zeigt drei Stellungen des Spaltes Sp_2 zur Gewinnung monochromatischer So-Bilder.

Bild 4.8 zeigt 5 Aufnahmen desselben Teils der So-Oberfläche bei 5 verschiedenen Stellungen des 2. Spalts. Das oberste Bild ist mit dem Licht aus der Mitte der H-Linie des CaII aufgenommen, das unterste mit Licht aus dem äußeren Linienflügel (nahe dem angrenzenden Kontinuum).

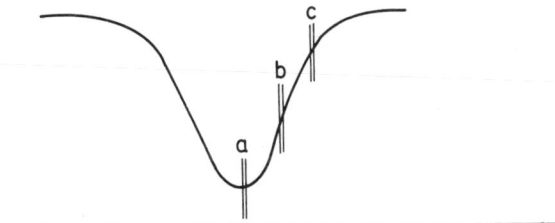

Bild 4.7

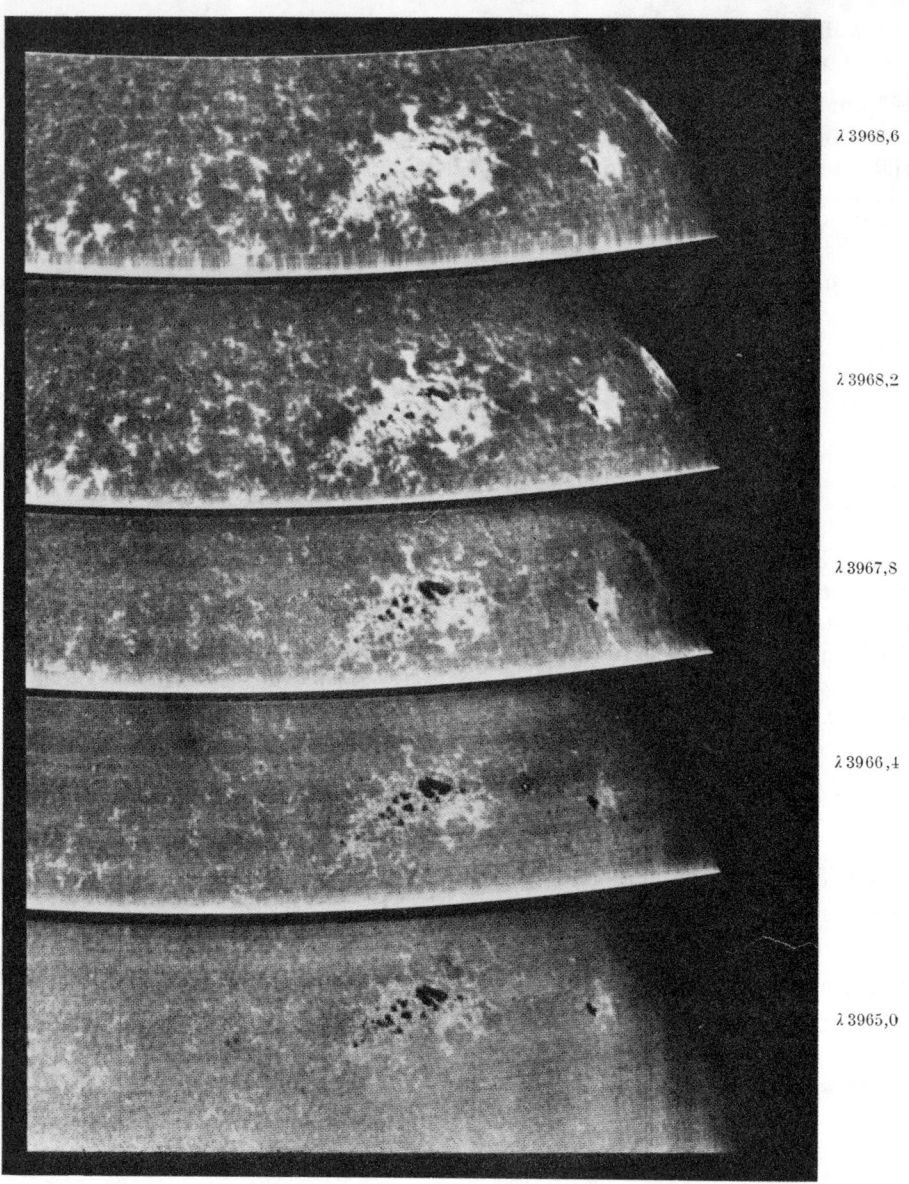

$\lambda\ 3968,6$

$\lambda\ 3968,2$

$\lambda\ 3967,8$

$\lambda\ 3966,4$

$\lambda\ 3965,0$

Bild 4.8

Im untersten Bild sieht man durch die äußeren Schichten der So-Atmosphäre hindurch und erkennt deutlich eine Fleckengruppe in der Photosphäre[1]). Im obersten Bild ist diese Fleckengruppe durch eine hoch über ihr schwebende, leuchtende Ca-Wolke verdeckt. Wie ist dieser Effekt zu erklären? Absorptionslinien entstehen durch wahre Absorption und Streuung. Es soll angenommen werden, daß allein die Streuung wirksam ist (siehe Abschnitt 4.1.1). Damit kommt man der Wirklichkeit sehr nahe und vereinfacht das Problem. Das Licht aus dem einer Linie benachbarten Kontinuum wird durch Atome in der Atmosphäre nicht gestreut, das Licht aus den äußeren Linienflügeln nur wenig. Man blickt also bei der Beobachtung in diesen Wellenlängenbereichen ungehindert oder fast ungehindert durch die Atmosphäre hindurch und sieht Erscheinungen in der Photosphäre, z.B. Flecken. Rückt man mit dem Spalte Sp_2 des Monochromators über die Flügel der Linie bis zur Linienmitte, so empfängt man Licht aus immer höheren Schichten der Sonnenatmosphäre und damit Bilder von lichtstreuenden Wolken eines bestimmten Elements, die tiefer liegende Erscheinungen, z.B. Flecken, mehr oder weniger stark verdecken. Solche monochromatischen Sonnenbilder kann man auch mit Filtern genügend kleiner Durchlaßbreite gewinnen.

4.2.5 Interstellarer Raum: das Leuchten der Emissionsnebel – verbotene Linien – die 21 cm-Linie – Moleküle im interstellaren Raum

Man beobachtet im interstellaren Raum helle und dunkle Wolken. In den Dunkelwolken wird das Licht der hinter oder auch in diesen Wolken stehenden Sterne mehr oder weniger stark absorbiert. Die Absorption erfolgt – von Linienabsorption abgesehen – durch Staub. Eine solche Absorption erfolgt auch dort, wo Dunkelwolken nicht direkt, z.B. auf Photographien, nachzuweisen sind. Das Leuchten der hellen Wolken kommt entweder durch Reflexion oder Emission zustande. In einigen Bereichen tritt sowohl Reflexion als auch Emission auf. In den sogenannten Reflexionsnebeln wird das Licht nicht zu heißer Sterne an kosmischen Staubteilchen gestreut, z.B. in der Umgebung einiger Sterne der Plejaden (Bild 4.9). Das Spektrum der Reflexionsnebel ist mit dem Spektrum der Sterne identisch, die das Leuchten erzeugen.

In den Emissionsnebeln wird interstellares Gas durch das Licht eingebetteter, sehr heißer Sterne – $T \approx 30\,000$ K und mehr, UV – zu eigenem Leuchten angeregt. Das bekannteste Beispiel ist der Orionnebel (Bild 4.10). Nur die letzte Erscheinung soll hier besprochen werden.

Die Emissionsnebel besitzen ein eigenes Spektrum, das von dem der anregenden Sterne verschieden ist. In ihm findet man Emissionslinien von H, He, O, N und auch die einiger anderer Elemente (Si, Ne, C, S, Fe, Ni, Cl). Vielfach sind die Atome einfach oder mehrfach ionisiert. Die meisten Linien – im Orionnebel etwas mehr als 1/3 der rund 170 beobachteten – stammen von H und He. Diese beiden häufigsten Elemente werden durch die starke UV-Strahlung der heißen Sterne ionisiert.

---

[1]) Unter der Photosphäre versteht man die Schicht, aus der rund 90 % der So-Strahlung vom nahen UV bis zum fernen IR stammen. Sie ist nur etwa 300 km dick.

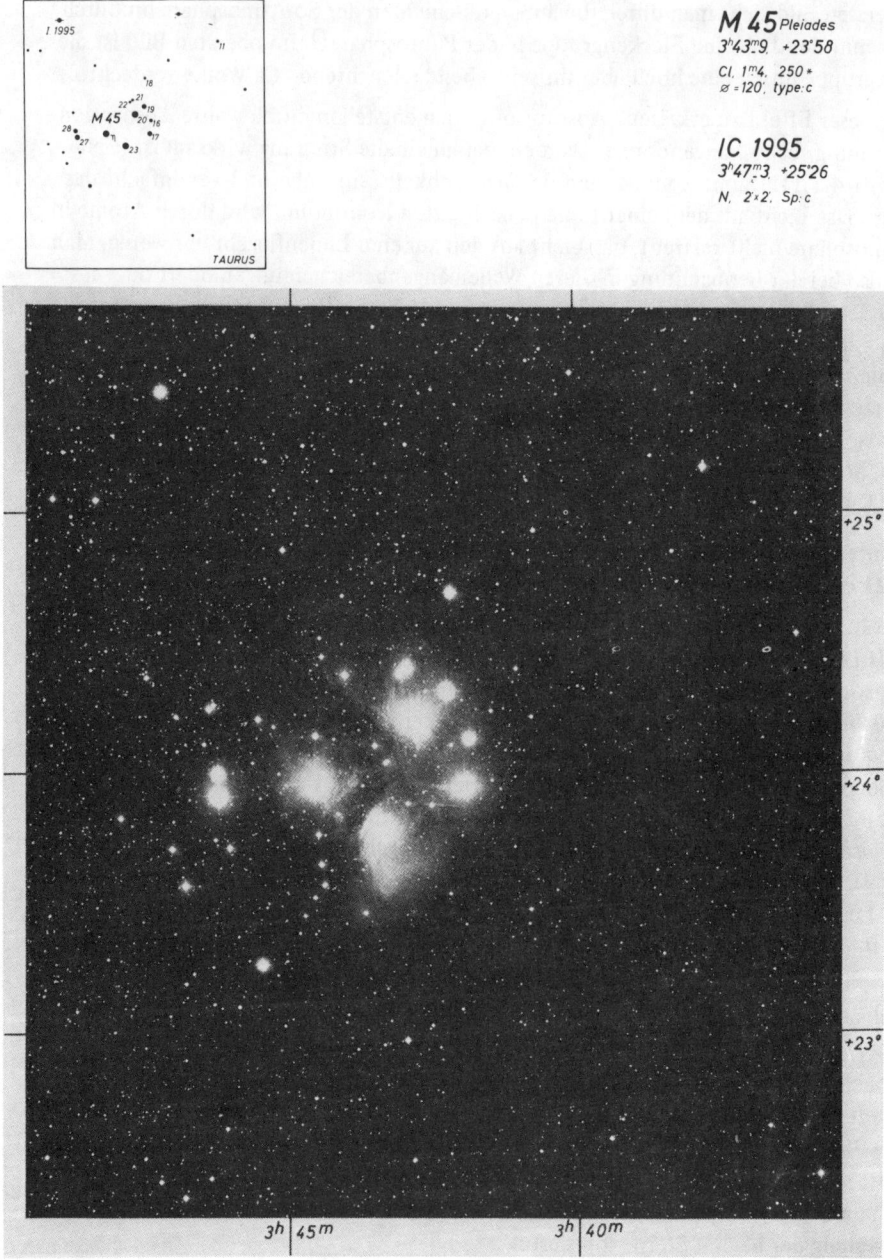

Bild 4.9

Bild 4.10

Aufgabe:

1. Welche Bedingung muß die Wellenlänge der ionisierenden Strahlung erfüllen, wenn a) Wasserstoff, b) Helium einfach, c) Helium zweifach ionisiert werden soll? Die Ionisationsenergien sind im Falle a) 13,595 eV, im Fall b) 24,581 eV und im Fall c) 54,403 eV.

Bei der Rekombination gehen die Elektronen nicht sofort in den Grundzustand über. Der Übergang erfolgt vielmehr in vielen Sprüngen von höheren zu tieferen Quantenzuständen. Auf diese Weise entstehen die vielen von H, HeI und HeII beobachteten Linien. Besonders intensiv ist die H_{α}-Linie. Deshalb erscheinen die Emissionsnebel in Farbaufnahmen meist rötlich.

Energiezustände mit sehr hohen Quantenzahlen. Für den Orionnebel hat man Dichten von 10^4 Elektronen je cm^3 gemessen. Das entspricht auch im wesentlichen der Anzahl der Atome je cm^3. Es handelt sich hier schon um eine merkliche Verdichtung des interstellaren Gases, in dem sonst nur 1 ... 10 Atome pro cm^3 zu finden sind. Im Vergleich mit Verhältnissen, die in irdischen Laboratorien zu erreichen sind, handelt es sich beim Orionnebel und anderen Emissionsnebeln um außerordentlich hochverdünnte Gase. In ihnen

sind Quantenzustände der H- und He-Atome mit enorm hohen Quantenzahlen möglich.
So konnten *Höglund* und *Mezger* nachweisen, daß in einigen Gaswolken der Übergang
vom 110. zum 109. Niveau des H-Atoms mit solcher Häufigkeit vorkommt, daß eine Beobachtung der entsprechenden Linie möglich ist.

Aufgaben:

2. Welche Wellenlänge besitzt die Strahlung, die beim Übergang des H-Atoms vom 110. zum 109.
   Niveau ausgesandt wird?
3. Wie groß ist der Radius eines H-Atoms im 110. Quantenzustand?

Mittlerweile sind weitere Übergänge mit $n > 100$ beobachtet worden. Als Höchstwert
gilt zur Zeit eine Kohlenstofflinie von $n = 632$ auf $n = 631$.

Verbotene Linien. Die geringe Dichte hat noch eine weitere Erscheinung zur Folge. Die
mittlere Lebensdauer eines angeregten Atoms ist meist von der Größenordnung 10^{-8} s.
Es gibt aber Zustände, in denen viele Atome, wenn sie nicht gestört werden, sehr viel
länger verweilen, bevor sie ihre Energie in Form von Strahlung abgeben. Man spricht von
metastabilen Zuständen. Das doppelt ionisierte O-Atom -OIII- hat z. B. (neben anderen)
zwei Niveaus mit der mittleren Lebensdauer von 140 s bzw. 48 s. Beim Übergang in den
Grundzustand werden Linien mit $\lambda = 495,9$ nm und $\lambda = 500,7$ nm ausgesandt. Diese
Linien wurden lange einem noch unbekannten Element „Nebulium" zugeschrieben. Ihre
Identifizierung gelang *J. S. Bowen* im Jahre 1927. Damit im Laboratorium das Emissions-
spektrum eines leuchtenden Gases beobachtet werden kann, ist eine genügend große Anzahl von Atomen in relativ kleinem Raum, also eine nicht zu geringe Dichte notwendig.
Dann aber ist die Zeit zwischen der Anregung eines Atoms und dem Zusammenstoß mit
einem anderen Atom oder auch der Gefäßwand wesentlich kürzer als die mittlere Lebensdauer in einem metastabilen Zustand. Die Atome, die sich bei einem Versuch im Laboratorium in einem metastabilen Zustand befinden, geben ihre Energie strahlungslos an ihre
Stoßpartner ab (Stöße 2. Art).

Im Orionnebel sind fast 30 % der Emissionslinien verbotene Linien. Besonders intensiv
sind die oben genannten Linien von OIII. Sie liegen im Blauen bzw. an der Grenze zwischen
Blau und Grün. Das erklärt das Auftreten dieser Farben in Farbaufnahmen einiger Nebel
(Bild 4.11). Auch von N, S, Cl, Ne, Fe, Ni sind verbotene Linien beobachtet worden.

Die mittlere Zeit zwischen zwei Zusammenstößen, die ein Atom in einem Gas erleidet,
läßt sich mit Hilfe der Beziehung

$$\bar{\tau} = \frac{1}{\sqrt{2} \cdot \pi \cdot n \cdot \bar{v} \cdot d^2} \qquad \text{berechnen.} \qquad (4.8)$$

n ist die Teilchenzahldichte, $\bar{v}$ die mittlere Geschwindigkeit und d der Durchmesser eines
Atoms.

Aufgabe:

4. Schätzen Sie die Zeit ab, die zwischen zwei aufeinander folgenden Zusammenstößen eines Atoms
   liegt,
   a) unter irdischen Bedingungen: $n \approx 10^{24}$ m^{-3}, $T \approx 300$ K,
   b) unter den Bedingungen im Inneren des Orionnebels: $n \approx 10^{10}$ m^{-3}, $T \approx 10^4$ K!

Bild 4.11 Trifid-Nebel im Schützen

Frei-frei-Übergänge. Neben Rekombinationen, d. h. der Wiedervereinigung von Elektronen und Ionen, gibt es auch häufig Vorübergänge von Elektronen an Ionen, hauptsächlich Protonen. Man spricht von frei-frei-Übergängen. Da hier keine Quantenbedingungen vorliegen, entsteht eine kontinuierliche Strahlung. Sie ist im optischen Bereich für eine Beobachtung zu schwach. Im cm- und dm-Bereich jedoch ist sie festgestellt worden. Diese Radiostrahlung ist sehr wohl von der Synchrotronstrahlung zu unterscheiden, die ausgesandt wird, wenn sich schnelle Elektronen in magnetischen Feldern bewegen. Die Synchrotronstrahlung ist polarisiert und weist ein charakteristisches Energiespektrum auf. Sie entsteht z. B. in dem bekannten Krebsnebel, der die 1054 im Stier beobachtete Supernova umgibt.

Die 21-cm-Linie des neutralen Wasserstoffs. Wie oben geschildert, wird in der Umgebung heißer Sterne der Wasserstoff ionisiert. Diese HII-Bereiche sind durch die bei der Rekombination entstehende Strahlung leicht nachweisbar. Die Beobachtung des neutralen Wasserstoffs schien zunächst nicht möglich.

Das H-Atom besitzt im Grundzustand zwei dicht beieinander liegende Energieniveaus – Hyperfeinstruktur. Ihr Abstand beträgt $5,9 \cdot 10^{-6}$ eV. In dem höheren Energiezustand sind Kern- und Elektronenspin parallel, in dem tieferen antiparallel. Dem Übergang entspricht eine Linie mit $\nu = 1\,420{,}4$ MHz oder $\lambda = 21{,}105$ cm. Die mittlere Lebensdauer des Atoms im höheren Niveau beträgt rund $11 \cdot 10^6$ a! Die 21-cm-Linie ist also eine im höchsten Maße verbotene Linie. Sie kann nur wegen der extrem geringen Dichte des interstellaren Mediums entstehen – 1 ... 10 Atome pro cm^3. Allerdings sind wegen der großen mittleren Lebensdauer und der geringen Dichte sehr tiefe Schichten erforderlich, wenn die Strahlung eine meßbare Intensität besitzen soll. Der Holländer *H. C. van de Hulst* hat 1944 berechnet, daß der Nachweis der interstellaren 21-cm-Linie möglich sein müßte. 1951 wurde die Linie von Radioastronomen in Australien, Holland und den USA entdeckt. Ihre Beobachtung ermöglicht einen Blick in Bereiche, die der optischen Astronomie vollkommen unzugänglich sind. Näheres über die 21-cm-Linie und ihre Bedeutung für die Erforschung der Struktur unseres Sternsystems bringt Abschnitt 4.2.6.

Moleküle im interstellaren Raum. Durch Beobachtungen im optischen Bereich sind die Moleküle CH, CH^+ und CN im interstellaren Raum entdeckt worden (siehe Abschnitt 4.2.6). Die enormen Fortschritte beim Empfang von mm-, cm- und dm-Wellen haben den Nachweis zahlreicher weiterer Moleküle ermöglicht. Unter ihnen sind so interessante wie H_2O, H_2S, NH_3, OH und so komplizierte wie HCOOH (Ameisensäure), CH_3CHO (Azetaldehyd), CH_3NH_2 (Methylamin), $(CH_3)_2O$ (Dimethyl-Äther), H_2C_2NCN (Vinylcyanid) u.a. (Bei den Molekül-Linien handelt es sich um Rotationsübergänge.) Die Genauigkeit der ist so groß, daß man z.B. die Moleküle $^{12}C^{34}S$ und $^{13}C^{32}S$ oder $H^{12}C^{14}N$, $H^{13}C^{14}N$, $H^{12}C^{15}N$ und $D^{12}C^{14}N$ (Blausäure mit verschiedenen Isotopen von H, C und N) unterscheiden kann.

Die Moleküle werden sehr wahrscheinlich in dichten und kühlen Wolken gebildet. Dort sind sie vor der Zerstörung durch die stellare UV-Strahlung geschützt. Es wird angenommen, daß die Bildung von Molekülen mit mehr als zwei Atomen auf der Oberfläche von Staubteilchen erfolgt. Weniger wahrscheinlich ist die Entstehung der Moleküle in Sternatmosphären, aus denen sie dann in den interstellaren Raum gelangen müßten. Zweiatomige Moleküle können sicher auch durch Zweierstöße im freien Raum gebildet werden.

4.2.6 Der Doppler-Effekt

Wenn in der Astronomie vom Doppler-Effekt die Rede ist, denkt man meistens zuerst und oft allein an den Effekt, der durch die Bewegung eines Gestirns oder Sternsystems in Richtung des Sehstrahls hervorgerufen wird. Es ist aber von einer Reihe weiterer Erscheinungen zu sprechen.

Die Radialgeschwindigkeit v_r von Sternen läßt sich aus einer einzigen Beobachtung bestimmen. Meist wird sie mit Hilfe von Spaltspektrographen nur für einen Stern ermittelt. Wenn man eine geringere Genauigkeit in Kauf nimmt, kann man auch Objektivprismen-Aufnahmen benutzen. Wegen der notwendigen spektralen Zerlegung müssen die Sterne hell genug sein. Von allen Sternen bis zur scheinbaren Helligkeit 6^m sind die Radialgeschwindigkeiten bekannt. Das sind rund 6 700. Die Gesamtanzahl aller Sterne, von denen bisher Radialgeschwindigkeiten gemessen worden sind, beträgt etwa 20 000. Wenn man bedenkt, daß man mit einem kleinen Fernrohr von nur 50 mm Objektivdurchmesser am ganzen Himmel unter günstigen Bedingungen eine zehnmal so große Anzahl beobachten kann, erkennt man den hier vorliegenden Mangel an Informationen.

Tabelle 4.2 gibt für einige Geschwindigkeiten $v_r \ll c$ den Zusammenhang zwischen v_r und $\Delta\lambda$ für $\lambda = 600$ nm $\left(v_r = c \cdot \dfrac{\Delta\lambda}{\lambda} \right)$.

Tabelle 4.2

v_r km s^{-1}	0,1	0,5	1	5	10	50	100
$\Delta\lambda$ nm	$2 \cdot 10^{-4}$	10^{-3}	$2 \cdot 10^{-3}$	10^{-2}	$2 \cdot 10^{-2}$	10^{-1}	$2 \cdot 10^{-1}$

Die größten bei einzelnen Sternen beobachteten Radialgeschwindigkeiten sind + 543 km s^{-1} und − 389 km s^{-1}. Ihnen entsprechen $\Delta\lambda = 0,91$ nm und 0,65 nm. Im Mittel werden Geschwindigkeiten von $\pm$ 20 km s^{-1} beobachtet.

Die Genauigkeit bei der Messung der Radialgeschwindigkeit eines Sterns beträgt unter günstigen Umständen $\pm$ 0,5 km s^{-1}. Hierzu ist allerdings eine lineare Dispersion von 1 nm mm^{-1} nötig. Außerdem müssen zur Verkleinerung zufälliger Fehler mehrere Aufnahmen gemacht werden. Meist erreicht man nur eine Genauigkeit von einigen km s^{-1}. Alle Angaben werden auf die Sonne bezogen.

Welche Erkenntnisse kann man durch die Messung von v_r gewinnen?

1. Raumgeschwindigkeit der Sterne. Kann man für einen Stern neben v_r auch die Geschwindigkeit senkrecht zur Gesichtslinie in km s^{-1} messen — v_t —, dann kennt man auch seine Raumgeschwindigkeit $v = \sqrt{v_r^2 + v_t^2}$. Um v_t zu erhalten muß man die *Eigenbewegung* und die Entfernung des Sterns bestimmen. Unter der Eigenbewegung eines Sterns versteht man die Änderung seiner sphärischen Koordinaten. Sie wird in Bogensekunden pro Jahr angegeben und mit μ''/a bezeichnet. Daten über Eigenbewegungen liegen für etwa 300 000 Sterne vor. Die meisten sind nur von statistischer Bedeutung. Zur Bestimmung der Eigenbewegung sind photographische Aufnahmen in größeren zeitlichen Abständen nötig. Projiziert man die Strecke, die ein Stern in 1 a zurücklegt, auf eine Ebene senkrecht zur Gesichtslinie und nennt diese Komponente, in Längeneinheiten gemessen, d, so gilt, wenn r die Entfernung des Sterns ist,

$$\frac{d}{2\,\pi r} = \frac{\mu''}{360 \cdot 60 \cdot 60}\,; \quad d = \frac{2\,\pi\,r\,\mu''}{1{,}296 \cdot 10^6}\,. \tag{4.9}$$

Ist r die Entfernung des Sterns in Parsec und π'' seine Parallaxe, so gilt $r = \frac{1}{\pi''}$. d möchte man in km haben. Nun ist 1 pc = $3{,}086 \cdot 10^{13}$ km. Daher gilt

$$d_{(km)} = 3{,}086 \cdot 10^{13}\ \frac{2\,\pi}{1{,}296 \cdot 10^6} \cdot \frac{\mu''}{\pi''}.$$

Dividiert man noch, da μ'' in Bogensekunden pro Jahr angegeben ist, durch die Anzahl der Sekunden eines Jahres ($3{,}156 \cdot 10^7$ s), so ergibt sich schließlich v_t in km s^{-1}:

$$v_t = 4{,}74 \cdot \frac{\mu''}{\pi''}\ km\,s^{-1}. \tag{4.10}$$

2. Radialgeschwindikeit und Rotation der Milchstraße. Die Milchstraße, das Sternsystem, dem unsere Sonne angehört, rotiert um eine Achse senkrecht zur Milchstraßenebene. Von einem zentralen Bereich abgesehen, erfolgt die Bewegung in erster Näherung nach den Kepler-Gesetzen. Sterne, die dem Zentrum näher stehen als die Sonne, besitzen eine größere, solche, die weiter entfernt sind, eine kleinere Bahngeschwindigkeit als die Sonne. Diese Tatsache spiegelt sich in den Radialgeschwindigkeiten der Sterne in der So-Umgebung wieder. Nun bewegen die Sterne sich nicht nur um das Zentrum des Milchstraßensystems, sondern jeder Stern hat daneben auch seine individuelle Geschwindigkeit (Pekuliarbewegung). Um diesen zufälligen Bestandteil, der sich natürlich auch in den Radialgeschwindigkeiten bemerkbar macht, zu eliminieren, muß man ganze Sterngruppen zusammenfassen und Mittelwerte bilden.

Um die Lage der ausgewählten Sterngruppen anzugeben, benutzt man zweckmäßig das *galaktische Koordinatensystem*. Als Grundebene wird die Mittelebene der Milchstraße, als Grundrichtung diejenige von der Sonne zum Zentrum benutzt. Beide Angaben beruhen für das neue galaktische Koordinatensystem auf radioastronomischen Untersuchungen (1958). In Bild 4.12 sind die von der Pekuliarbewegung befreiten Bahngeschwindigkeiten für 8 Sterngruppen angegeben – gestrichelte Pfeile. Diese Sterngruppen sollen alle die gleiche mittlere Entfernung von der Sonne haben und in der Milchstraßenebene liegen. Auch die Bahngeschwindigkeit der Sonne ist angegeben (etwa 220 km s^{-1}). Als Bahnen sind Kreise angenommen. Die ausgezogenen Pfeile geben die Relativgeschwindigkeit zur Sonne an, die doppelten schließlich die mittlere Radialgeschwindigkeit der jeweiligen Sterngruppe in bezug auf die Sonne. Trägt man diese Radialgeschwindigkeiten gegen die galaktische Länge *l* auf, so erhält man Bild 4.13, in der eine Doppelwelle zu erkennen ist. Eine solche Doppelwelle ist auch tatsächlich beobachtet worden. Sie ist ein Beweis dafür, daß die *von Oort* (Holland) und *Lindblad* (Schweden) 1926/27 entwickelte dynamische Theorie der Milchstraße in erster Näherung richtig ist.

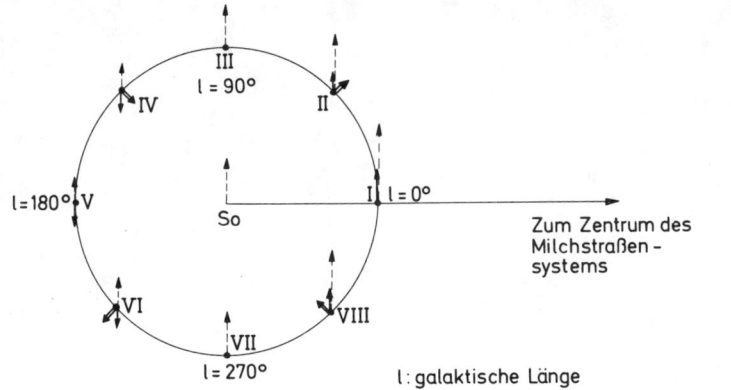

Bild 4.12

l : galaktische Länge

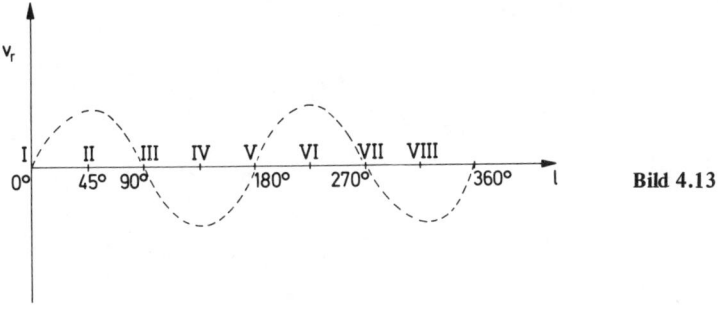

Bild 4.13

Aufgabe:

1. Wovon hängt die Amplitude der Doppelwelle ab?

3. *Spektroskopische Doppelsterne*. In vielen Doppelsternen haben die beiden Komponenten einen so geringen Abstand voneinander, daß sie weder visuell noch auf photographischen Aufnahmen zu trennen sind. In ihren Spektren aber erfahren die Linien infolge der Umlaufbewegung und der damit verbundenen periodischen Änderung der Radialgeschwindigkeit eine periodische Hin- und Herbewegung. Man unterscheidet Ein- und Zweispektrensysteme. Bei einem Einspektrensystem lassen sich nur die Linien einer Komponente erkennen. Voraussetzung für eine periodische Verschiebung der Linien ist, daß die Bahnebene nicht senkrecht zur Gesichtslinie liegt oder der Winkel zwischen Bahnebene und Gesichtslinie nicht einen Wert zu nahe bei 90° hat. In diesen Fällen ist $v_r = 0$ oder $v_{r,max}$ für eine Messung zu klein. Die Perioden der spektroskopischen Doppelsterne sind meist kleiner als 5 a. Die kürzeste heute bekannte ist 1 h 22 min. Fast 30 % aller untersuchten Sterne sind spektroskopische Doppelsterne.

Die Radialgeschwindigkeitskurven gestatten eine Bahnbestimmung. Das kann im einzelnen hier nicht ausgeführt werden, soll aber an drei Beispielen verständlich gemacht werden (Bild 4.14).

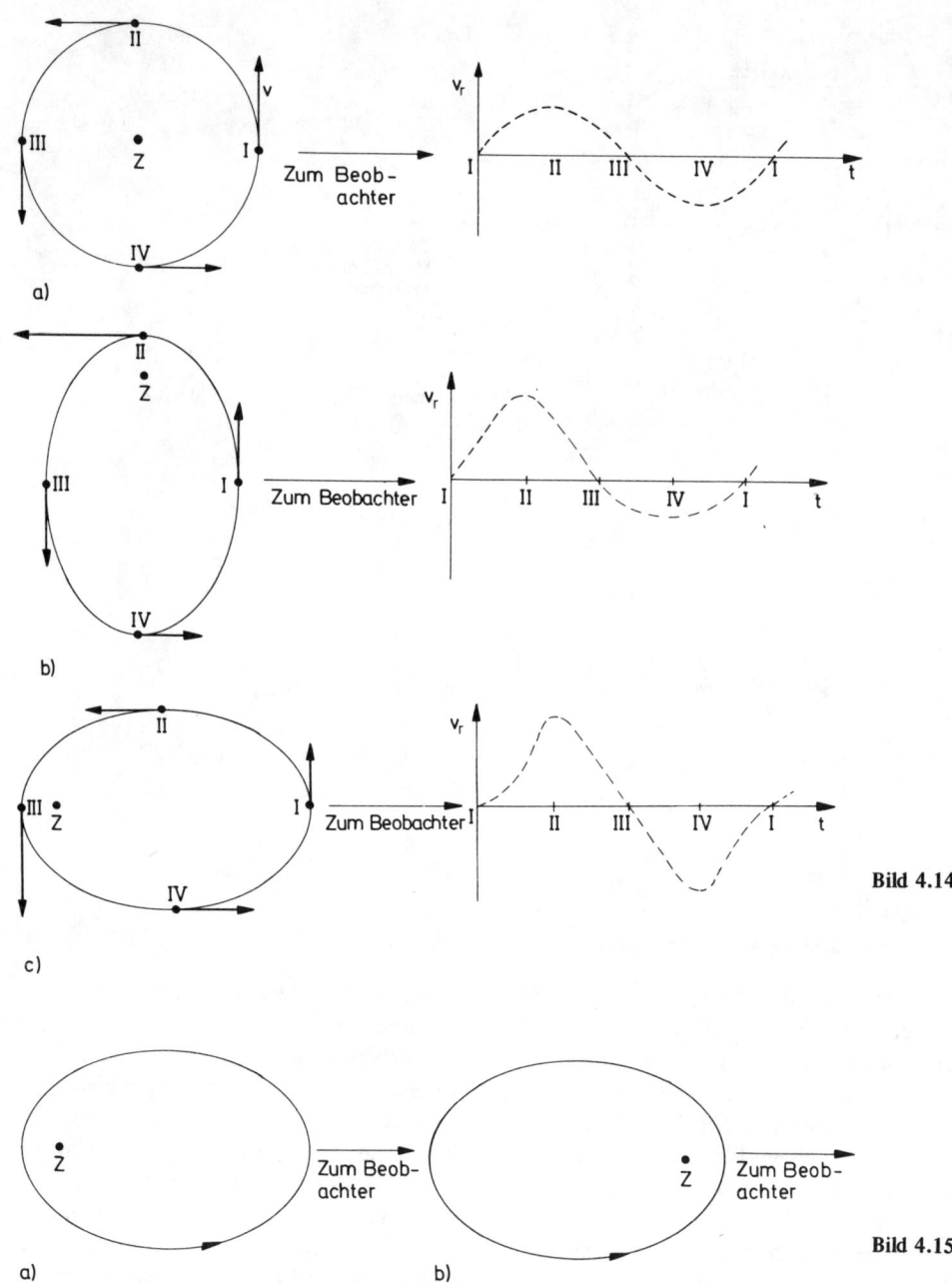

Bild 4.14

Bild 4.15

Aufgabe:

2. Skizzieren Sie die Radialgeschwindigkeitskurven für Ellipsen mit kleiner, mittlerer und großer Exzentrizität, wenn die Bahnen die in Bild 4.15 angegebenen Lagen zum Beobachter haben!

4. Absorptionslinien des interstellaren Gases. *J. Hartmann* fand 1904, daß die Linie K (nach Fraunhofer) des einfach ionisierten Calciums die periodische Linienverschiebung im Spektrum des spektroskopischen Doppelsterns δ-Orionis nicht mitmacht. Er sprach von der „ruhenden" Calciumlinie. Seine Deutung des Phänomens, die sich im Laufe der Forschung als richtig erwies, war folgende: Zwischen den Sternen befindet sich ein hochverdünntes Gas − 1 ... 10 Atome je cm^3 −, in dem die Absorption stattfindet. Im weiteren Verlauf der Untersuchungen hat man im visuellen Bereich die Linien folgender Atome, Moleküle und Ionen gefunden:

N, K, Ca, Fe, CH, CN, Ca^+, Ti^+, CH^+.

Die H- und K-Linien von Ca^+ und die D-Linien von Na sind am stärksten. Mit Hilfe des Satelliten Copernicus wurden 1972/73 auch zahlreiche Linien im UV entdeckt, die z. T. von mehrfach ionisierten Atomen stammen:

H, C, C^+, N, N^+, O, Mg, Mg^+, Si^+, Si^{++}, Si^{+++}, P^+, S, S^+, S^{++}, S^{+++}, Cl^+, Ar, Mn^+, Fe^+.

Die Absorption geschieht bei den interstellaren Linien immer vom Grundzustand aus. Die Ionisation erfolgt durch Photoeffekt.

Bei fester Beobachtungsrichtung sind die Linien um so intensiver, je weiter der Stern entfernt ist, in dessen Spektrum die Linien zu finden sind. Es ist eine Methode entwickelt worden, aus der Stärke der „ruhenden" Calciumlinie auf die Entfernung sehr weit entfernter Sterne zu schließen.

Die interstellaren Linien liegen meist nicht dort, wo sie bei Messungen im Laboratorium zu finden sind. Gelegentlich beobachtet man auch mehrere dicht beieinander liegende Komponenten − bis zu 5! Die Erklärung ist leicht. Das interstellare Gas hat eine wolkige Struktur. Die Wolken bewegen sich gegeneinander. Wenn das Licht des beobachteten Sterns mehrere Wolken durchsetzt, entstehen durch den Doppler-Effekt mehrere Linien. Die durchschnittliche Größe solcher Wolken wird auf 700 pc geschätzt. Die gemessenen Geschwindigkeiten − von der Pekuliarbewegung der Sonne befreit − reichen fast bis 100 km s^{-1}. Außer der individuellen Geschwindigkeit der einzelnen Wolken macht sich auch die differentielle Geschwindigkeit des Gases infolge der Rotation der Milchstraße bemerkbar (Kepler-Bewegung).

5. Radialgeschwindigkeit von Sternsystemen. Dem Laien sind wohl diese Radialgeschwindigkeiten am ehesten unter der Bezeichnung „*Rotverschiebung*" oder „*Fluchtbewegung*" und mit der Deutung einer *Expansion des Weltalls* bekannt. Bei Mitgliedern der lokalen Gruppe − das sind Sternsysteme, die unserer Milchstraße benachbart sind − beobachtet man auch Violettverschiebungen. Diese Sternsysteme nähern sich also dem Beobachter − genauer gesagt der Sonne −: der Andromedanebel z. B. mit 270 km s^{-1}, ein anderes Sternsystem mit der Katalognummer NGC 185 (New General Catalogue) sogar mit 340 km s^{-1}. In dieser Radialgeschwindigkeit ist die Bewegung der Sonne um das galaktische Zentrum mit enthalten. Beobachtet man weiter entfernte Systeme, r > 2 Mpc, und befreit die beobachtete Radialgeschwindigkeit von der Bewegung der Sonne, dann erhält man nur positive Werte für v_r. 1929 stellte *E. Hubble* fest, daß die Rotverschiebung in den Spektren genügend entfernter Galaxien proportional ihrer Entfernung ist. Deutet man die Rotverschiebung als Dopplereffekt, so ergibt sich also

$$v_r = H \cdot r. \tag{4.11}$$

v_r wird in km s^{-1}, r in Mpc gemessen. H ist die Hubble-Konstante. Sie ist noch nicht so genau bekannt, wie es wünschenswert wäre. Man rechnet z.Z. meistens mit H = 75 km s^{-1}/ Mpc. Hubble hatte zunächst 530 km s^{-1}/Mpc angegeben! *Sandage* und *Tamman* sind 1974/75 zu 57 ± 6 km s^{-1}/Mpc gekommen, *Vandenberg* 1983 zu 55 ... 67 km s^{-1}/Mpc und *Sandage* 1984 zu 58 ± 10 km s^{-1}/Mpc.

Oft wird, wenn andere Methoden versagen, die Beziehung (4.11) benutzt, um aus der gemessenen Rotverschiebung die Entfernung eines Sternsystems zu ermitteln. Ist v_r gegen c genügend klein – $v_r < 0,2$ c –, so gilt mit ausreichender Genauigkeit

$$v_r = c \cdot \frac{\Delta\lambda}{\lambda_0} = Hr. \tag{4.12}$$

Daraus folgt

$$r = \frac{c}{H} \cdot \frac{\Delta\lambda}{\lambda_0}. \tag{4.13}$$

Nimmt man an, daß eine Galaxie die Strecke r mit der konstanten Geschwindigkeit v_r zurückgelegt hat, so ergibt sich als Zeit für diesen Vorgang

$$T = \frac{r}{v_r} = \frac{1}{H}. \tag{4.14}$$

Diese Zeit ist für alle Galaxien die gleiche. Man kann sie, von den Vorstellungen des Urknalls ausgehend, in erster Näherung als Weltalter bezeichnen. Mit H = 530 km s^{-1}/Mpc und 1 Mpc = $3,09 \cdot 10^{19}$ km erhielt man T = $1,85 \cdot 10^9$ Jahre. Dieser Wert ist nach unseren heutigen Kenntnissen viel zu klein. Das Alter der Erde wird heute mit $4,6 \cdot 10^9$ Jahren angegeben!

Mit   H = 75 km s^{-1}/Mpc   erhält man   T = $13 \cdot 10^9$ Jahre und mit
        H = 57 km s^{-1}/Mpc   T = $17 \cdot 10^9$ Jahre.

Gemessen wird zunächst die Größe $z = \dfrac{\lambda - \lambda_0}{\lambda_0}$, wobei λ die beobachtete und λ_0 die im Laboratorium gemessene Wellenlänge ist. Bis 1950 war z = 0,14 der größte bekannte Wert. Nach Gl. (4.5b) entspricht das einer Fluchtgeschwindigkeit von 42 000 km s^{-1}. 1956 wurde im Galaxienhaufen Hydra II für z ein Wert von 0,203 gemessen. Das führt, wenn man nichtrelativistisch rechnet, zu v_r = 60 900 km s^{-1}. Hier liegt etwa die Grenze, bis zu der man noch ohne allzu großen Fehler klassisch rechnen kann. 1963 wurde unter den mittlerweile entdeckten *Quasaren* eine Rotverschiebung von z = 0,3675 gefunden. Nichtrelativistisch führt das zu einer Fluchtgeschwindigkeit von 110 250 km s^{-1}, relativistisch kommt man zu 90 945 km s^{-1}. Man muß dazu die Gl. (4.6) benutzen. Ganz klar wird die Notwendigkeit der relativistischen Rechnung, wenn z > 1 ist. Dies würde nach klassischer Rechnung zu einer Überlichtgeschwindigkeit führen. 1985 wurde bei einem quasistellaren Objekt z = 3,78 und 1986 bei einem anderen sogar z = 4,01 gemessen.

Aufgabe:

3. Berechnen Sie für diese beiden zuletzt genannten Objekte die Fluchtgeschwindigkeit, vorausgesetzt, daß die Rotverschiebung als Doppler-Effekt gedeutet wird.

4. Wie groß ist nach der Beziehung $v_r = H \cdot r$ die Entfernung der beiden Objekte mit z = 3,78 und z = 4,01 a) mit H = 75 km s^{-1}/Mpc, b) mit H = 57 km s^{-1}/Mpc?

6. Druck- und Dopplerverbreiterung der Spektrallinien. Alle Spektrallinien besitzen eine natürliche Breite (Abschnitt 4.1.1). Es gibt nun verschiedene Faktoren, die zu einer Verbreiterung führen. Mit zunehmendem Druck nimmt die Anzahl der Stöße in 1 s zwischen Atomen, Ionen oder Molekülen zu, die mittlere Lebensdauer also ab. Das führt nach Gl. (4.2) zu einer Verbreiterung. Man spricht von Druckverbreiterung. Infolge der thermischen Bewegung der Atome kommt bei Absorptions- und Emissionslinien der Doppler-Effekt zur Wirkung. Da die Geschwindigkeitsvektoren der zahllosen absorbierenden und emittierenden Atome regellos verteilt sind, kommt es zu einer Verbreiterung der Linien. Es ist sofort einzusehen, daß die Dopplerverbreiterung mit wachsender Temperatur zu-, mit wachsendem Atomgewicht dagegen abnimmt. Für die Halbwertsbreite (siehe Bild 4.2), für die der Doppler-Effekt infolge der Wärmebewegung verantwortlich ist, gilt

$$\Delta\lambda_D = \frac{\lambda}{c}\sqrt{\frac{2\,RT}{\mu}}. \tag{4.15}$$

R ist die allgemeine Gaskonstante: R = 8,314 J K^{-1} kmol^{-1}.

Aufgabe:

5. Berechnen Sie die Halbwertsbreiten infolge des thermischen Doppler-Effekts für die Wasserstofflinie H_α(λ = 656,3 nm) und die D-Linien des Natriums (λ = 589/589,6 nm; Mittelwert λ = 589,3 nm) für die Sonne (T$_e$ $\approx$ 6 000 K) und einen O5-Stern (T$_e$ $\approx$ 45 000 K)!

Neben der Dopplerverbreiterung fällt die natürliche Linienbreite von der Größenordnung 10^{-5} nm nicht ins Gewicht.

Neben der thermischen Bewegung der Atome macht sich auch die turbulente Bewegung ganzer Gasmassen bemerkbar.

7. Rotationsverbreiterung. Bei der Sonne kann man ein Spektrum des Ost- oder Westrandes getrennt aufnehmen (Bild 4.4). Bei Sternen ist diese Trennung nicht möglich. Rotiert aber ein Stern schnell genug, und blickt man nicht gerade in Richtung der Rotationsachse – pole-on-Sterne – kann man eine Verbreiterung der Linien beobachten, die sich von der Verbreiterung durch die Wärmebewegung unterscheidet. Für die maximale Geschwindigkeit auf den Beobachter zu oder von ihm fort gibt es nämlich bei der Rotation eine scharfe Grenze. Das ist bei den thermischen Geschwindigkeiten nicht der Fall. Man berechnet für ausgewählte Linien den Rotationseffekt für verschiedene Rotationsgeschwindigkeiten und vergleicht das Profil der beobachteten Linien mit dem der berechneten (Bild 4.16).

Würde die Rotationsachse senkrecht zur Blickrichtung stehen, erhielte man auf diese Weise die lineare Geschwindigkeit am Äquator des Sterns. Da aber die Lage der Rotationsachse nicht bekannt ist, muß man sich mit dem Produkt v · sin (i) begnügen, wobei i der

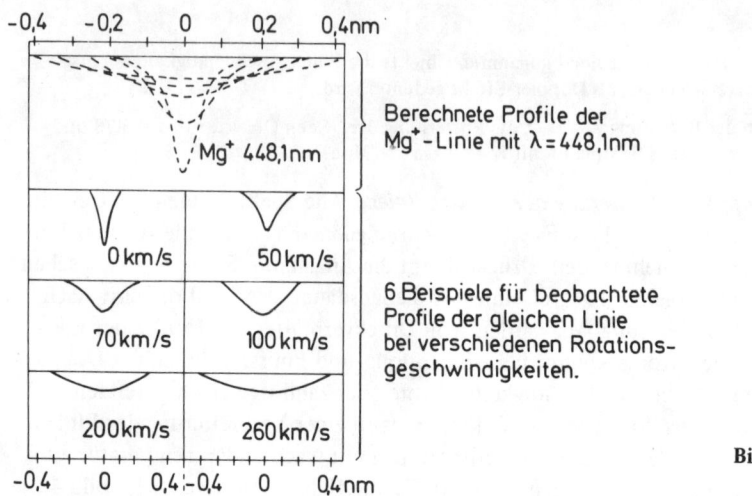

Berechnete Profile der
Mg$^+$-Linie mit $\lambda = 448,1$nm

6 Beispiele für beobachtete
Profile der gleichen Linie
bei verschiedenen Rotationsgeschwindigkeiten.

Bild 4.16

Winkel zwischen Sehstrahl und Rotationsachse ist. Die beobachteten Werte sind deshalb nur statistisch zu gebrauchen. Bei $v < 25$ km s^{-1} ist der Rotationseffekt nicht mehr nachzuweisen.

Untersuchungen an etwa 3 000 Sternen haben ergeben, daß die jungen und heißen Sterne schneller rotieren als die anderen. Die sonnenähnlichen Sterne und kühlere rotieren offenbar für einen Nachweis der geschilderten Art zu langsam. Bei B-Sternen mit 12 000 K bis über 30 000 K findet man Äquatorgeschwindigkeiten von 200 … 250 km s^{-1}. Der größte Wert von 560 km s^{-1} ist bisher bei einem Stern im Perseus beobachtet worden. Wahrscheinlich ist hier $i \approx 90°$. Im Spektrum dieses Sterns erscheinen Emissionslinien, die in breitere Absorptionslinien eingebettet sind.

Aufgabe:

6. Versuchen Sie, diese Erscheinung zu erklären!

8. Die 21-cm-Linie und die Struktur der Milchstraße. Die 21-cm-Linie ist eine verbotene Linie. Sie entsteht durch Übergang von einem metastabilen Niveau mit der außerordentlich großen Lebensdauer von $11 \cdot 10^6$ a. Wenn alles Wasserstoffgas in der Milchstraße relativ zur Sonne in Ruhe wäre, müßte diese Linie sehr scharf sein. Eine Verbreiterung wird durch die turbulente Bewegung der interstellaren Gaswolken hervorgerufen. Die thermische Dopplerverbreiterung fällt bei einer Temperatur des interstellaren Gases von etwa 100 K demgegenüber nicht ins Gewicht.

Viel interessanter als eine Verbreiterung ist eine Verschiebung der Linie, die auf die differentielle Rotation der Milchstraße zurückzuführen ist (Abschnitt 4.2.6). In Bild 4.17 ist angenommen, daß sich in einer Blickrichtung drei Bereiche befinden, in denen der Wasserstoff merklich dichter als in den Zwischengebieten ist. Die gestrichelten Pfeile geben die Geschwindigkeit infolge der Rotation um das Zentrum Z, die kräftig ausgezogenen

Pfeile die Radialgeschwindigkeit in bezug auf die Sonne an. Die Konstruktion geht aus
dem Bild hervor. Beim Empfang der 21-cm-Linie unter den in Bild 4.17 vorausgesetzten
Bedingungen wird ein Profil mit 3 Maxima registriert. Aus der Lage der Maxima kann man
auf die Radialgeschwindigkeiten schließen. Die größte Radialgeschwindigkeit wird für den
Bereich II gemessen. Der Sehstrahl durch diesen Bereich tangiert eine Kreisbahn um das
galaktische Zentrum Z. Das Linienprofil fällt nach größeren Radialgeschwindigkeiten hin
steil ab. Die Entfernung des Bereichs II von der Sonne kann bestimmt werden. Sie ist
$r = r_0 \cos(l)$, wenn r_0 der Abstand der Sonne von Z und l die galaktische Länge ist. Die
Lage der Bereiche I und III in bezug auf II läßt sich aus der Radialgeschwindigkeit nicht
eindeutig ermitteln. Man kann aber u. U. eine Entscheidung fällen, wenn sich die Winkel-
ausdehnung der beiden H-Wolken senkrecht zur galaktischen Ebene messen läßt. Bei III
mißt man mit großer Wahrscheinlichkeit eine geringere Ausdehnung als bei I.

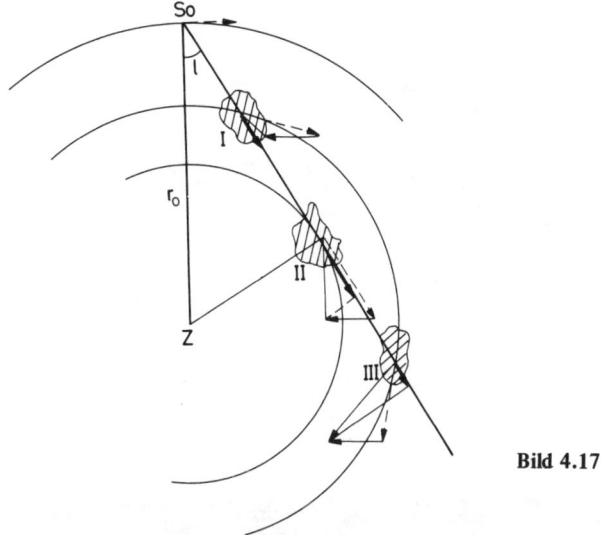

Bild 4.17

Insgesamt erfordert die Lokalisierung der Gebiete mit größerer Wasserstoffdichte sehr viel
Kleinarbeit[1]. Das Ergebnis aller Bemühungen ist die Feststellung, daß unsere Milchstraße
eine Spiralstruktur besitzt. Die Spiralarme sind die Bereiche größerer Wasserstoffkonzen-
tration. Der Vorteil der Untersuchungen mit Hilfe der 21-cm-Linie ist der, daß man noch
aus Entfernungen von 50 000 LJ und mehr Informationen erhält, während optische
Methoden auf einen wesentlich kleineren Bereich (< 15 000 LJ) beschränkt sind.

9. *Die Struktur der Saturnringe.* Die Ringe des Saturn bestehen aus unzählig vielen Teilchen, die unabhängig voneinander den Saturn auf Kreisbahnen umlaufen. Ist a der Bahn-
radius eines Teilchens und v seine Bahngeschwindigkeit, so gilt nach dem 3. Keplergesetz
$a \cdot v^2 = \text{const.} = G \cdot m$ (Abschnitt 1.2.4, Aufgabe 3). Die äußeren Teilchen bewegen sich
also langsamer als die inneren.

---

[1] Die hier gegebene Darstellung ist nur als grobes Schema anzusehen.

Aufgabe:

7. Berechnen Sie die Bahngeschwindigkeit für die äußeren Teilchen des A-Rings, die inneren Teilchen des B-Rings und für einen Punkt auf dem Äquator des Saturn! (Daten: siehe Abschnitt 1.2.6 bzw. Anhang).

Legt man den Spalt eines Spektrographens, wie es Bild 4.18 zeigt, dann sind die Linien im Spektrum des reflektierten Sonnenlichts in drei Teile geteilt. Die beiden äußeren Teile stammen vom Ring, der innere Teil von der Oberfläche des Saturn.

Alle Teile müssen infolge der Dopplerverschiebung verschiedene Neigungen gegen die Spaltrichtung besitzen. Schematisch ist diese zu erwartende Erscheinung in Bild 4.18 angegeben. Das Spektrum in Bild 4.19 zeigt die Richtigkeit der Überlegungen.

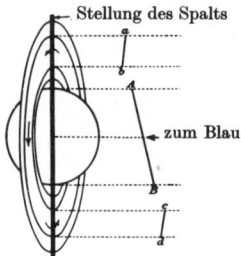

Bild 4.18

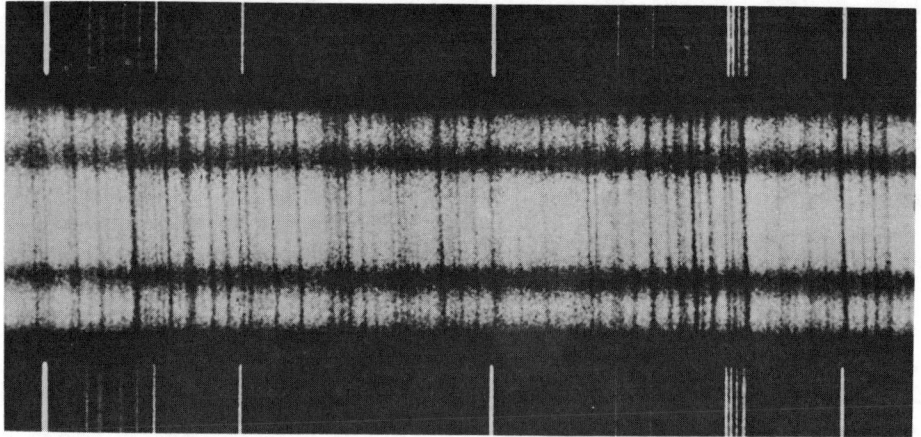

Bild 4.19

5 Kernphysik

Einige Kenntnisse aus der Kernphysik lassen in Verbindung mit der Gravitationstheorie schon recht viele und weitreichende Aussagen über die Entwicklung von Sternen zu, von der Kontraktion interstellarer Wolken bis zu den verschiedenen Endstadien der Sterne.

5.1 Notwendige Kenntnisse aus der Physik

5.1.1 Aufbau der Atomkerne

Die Bausteine der Atomkerne heißen Nukleonen. Es sind Protonen und Neutronen. Die Anzahl der Protonen in einem Atomkern wird mit Z, die Anzahl der Neutronen mit N, die Anzahl der Nukleonen mit A bezeichnet. Es gilt A = Z + N. Z ist gleich der Ordnungszahl, A wird Massenzahl genannt. Zur Kennzeichnung eines Atomkerns werden Z und A benutzt. Beispiele:

^1_1H, ^2_1D, $^{16}_8O$, $^{18}_8O$, $^{40}_{20}Ca$ usw.

Atome mit gleichem Z, aber verschiedenem A heißen Isotope. Der Zusammenhalt der Nukleonen in einem Atomkern wird durch die Kernkräfte bewirkt. Diese sind sehr stark, haben eine geringe Reichweite und sind ladungsunabhängig.

Die Masse eines Protons ist $m_p = 1{,}6726 \cdot 10^{-27}$ kg.

Die Masse eines Neutrons ist $m_n = 1{,}6749 \cdot 10^{-27}$ kg.

Für jeden Kern, mit Ausnahme des Wasserstoffkerns ^1_1H, gilt

$$Z\,m_p + N\,m_n - m_k = \Delta m > 0, \tag{5.1a}$$

wenn m_k die Masse des Kerns ist.

Aus dem Massendefekt Δm läßt sich die Bindungsenergie E_B bestimmen:

$$E_B = \Delta m \cdot c^2. \tag{5.1b}$$

Wichtig ist die Bindungsenergie pro Nukleon $\dfrac{E_B}{A}$.

Die Bindungsenergie wird zweckmäßig in MeV gemessen. Es gilt:

$$1\ J = 0{,}6242 \cdot 10^{13}\ MeV, \quad 1\ MeV = 1{,}602 \cdot 10^{-13}\ J.$$

Aufgabe:

Stellen Sie nach folgender Tabelle die Bindungsenergie pro Nukleon in Abhängigkeit von A dar.

Tabelle 5.1

Atomkern	^2_1D	^4_2He	$^{12}_6C$	$^{14}_7N$	$^{16}_8O$	$^{20}_{10}Ne$	$^{24}_{12}Mg$	$^{28}_{14}Si$	$^{40}_{20}Ca$	$^{52}_{24}Cr$	$^{56}_{26}Fe$
gesamte Bindungs- energie in MeV	2,23	28,3	92,2	104,7	127,6	160,7	198,3	236,6	342,1	456,4	492,3

Atomkern	$^{59}_{27}Co$	$^{58}_{28}Ni$	$^{75}_{33}As$	$^{79}_{35}Br$	$^{107}_{47}Ag$	$^{138}_{56}Ba$	$^{195}_{78}Pt$	$^{209}_{83}Bi$	$^{226}_{88}Ra$	$^{238}_{92}U$
gesamte Bindungs- energie in MeV	517,3	506,4	652,6	686,3	915,4	1158,6	1546,0	1641,2	1732,8	1802,8

Von Deuteronen, Tritonen, ^3_2He und Lithium abgesehen liegen die Bindungsenergien pro Nukleon zwischen 6 MeV und 9 MeV.

Die Kurve $\dfrac{E_B}{A}$ gegen A zeigt für die Elemente um Eisen — Cr, Mn, Fe, Co, Ni, Cu — ein Maximum. Daraus läßt sich der wichtige Schluß ziehen, daß beim Aufbau der Elemente bis zur Eisengruppe Energie frei wird, während für den Aufbau der Elemente mit noch höherer Ordnungszahl Energie benötigt wird.

Für das Verständnis der weiter unten behandelten astronomischen Probleme ist noch die Kenntnis der wichtigsten Eigenschaften der Positronen und Neutrinos und die Schreibweise von Kernprozessen nötig.

5.1.2 Coulombsches Potential, Tunneleffekt

Nähert sich ein Proton einem Atomkern, so erfährt es infolge der Coulombkraft eine wachsende Abstoßung. Kommt es bei genügend hoher kinetischer Energie dem Kern nahe genug, so machen sich die Kernkräfte bemerkbar, und die Anziehung überwiegt die Abstoßung. Die Verhältnisse werden durch ein Diagramm übersichtlich dargestellt, in dem das Potential V(r) gegen den Abstand r vom Kern aufgetragen ist (Bild 5.1). Im Abstand $r = r_0$ setzt die Kernkraft ein, das Potential fällt steil ab. r_0 kann als Radius des Kerns angesehen werden. Der Radius eines Protons wird mit $1,42 \cdot 10^{-15}$ m angegeben. Allgemein gilt

$$r_{Kern} = r_{Proton} \cdot A^{1/3}.$$

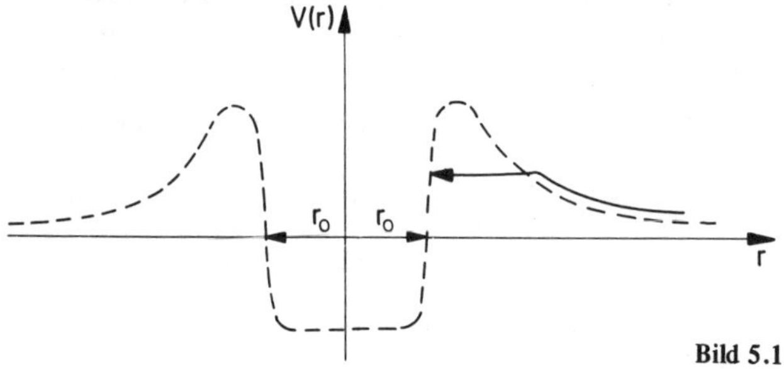

Bild 5.1

Die Quantenmechanik hat zu der wichtigen Erkenntnis geführt, daß Teilchen auch dann in den Potentialtopf hinein oder aus ihm hinaus gelangen können, wenn ihre kinetische Energie nicht so groß ist, daß sie den Potentialwall überlaufen können. Sie können mit einer gewissen Wahrscheinlichkeit den Wall unterhalb des Gipfels durchdringen — *Tunneleffekt*. Der Tunneleffekt ist z. B. für den α-Zerfall und für Fusionsreaktionen im Inneren eines Sterns von entscheidender Bedeutung.

5.2 Astronomische Probleme

5.2.1 Gravitationsinstabilität in interstellaren Wolken — Kontraktion — Entstehung von Sternen

Sterne bilden sich aus interstellarer Materie. Diese besteht zu 99 % aus Gas — hauptsächlich H und He — und 1 % aus Staub. Verglichen werden die Massen. Die Dichte des interstellaren Gases außerhalb von Wolken beträgt $\approx 10^{-24}$ g/cm^3. Die Dichte in Wolken, z. B. Emissionsnebeln, ist 10 bis 10^4 mal so groß.

Die dichteren Wolken sind *Geburtsstätten neuer Sterne*. Die Voraussetzungen dafür, daß Teile einer Wolke sich zusammenziehen, lassen sich verhältnismäßig einfach angeben. Der Virialsatz (Gl. (2.13)) sagt, daß

$$\overline{E}_k = -\frac{1}{2}\,\overline{E}_p$$

oder

$$\frac{2\,\overline{E}_k}{\overline{E}_p} = -1 \tag{5.2}$$

ist. E_k ist nichts anderes als die Summe der kinetischen Energien aller Atome, Ionen und Moleküle in der Gaswolke. Vom Staub kann abgesehen werden. Es ist

$$\overline{E}_k = \frac{3}{2}\,kT \cdot N. \tag{5.3a}$$

Für N, die Anzahl der Partikel, gilt $N = \frac{m}{\overline{\mu}}$, wenn m die Gesamtmasse der Wolke und $\overline{\mu}$ die mittlere Atommasse ist. Man erhält also

$$\overline{E}_k = \frac{3}{2}\,kT \cdot \frac{m}{\overline{\mu}}. \tag{5.3b}$$

Für die potentielle Energie einer als kugelförmig angenommenen Wolke — Radius R — gilt nach Gl. (2.18)

$$E_p = -\frac{3}{5}\,G\,\frac{m^2}{R}. \tag{5.4}$$

Der Virialsatz (5.2) führt also zu der Aussage

$$\frac{3\,kT \cdot \frac{m}{\mu}}{\frac{3}{5} \cdot \frac{Gm^2}{R}} = 1. \tag{5.5}$$

Nimmt man gleichmäßige Dichte in der kugelförmigen Wolke an, dann kann man mit Hilfe der Beziehung $m = \frac{4}{3}\,\pi\,\rho\,R^3$ den Radius eliminieren. Man erhält

$$m = \left(\frac{5\,k}{G}\right)^{3/2} \cdot \left(\frac{3}{4\,\pi}\right)^{1/2} \cdot T^{3/2} \cdot \bar{\mu}^{-3/2} \cdot \rho^{-1/2} \tag{5.6a}$$

$$m = C \left(\frac{T}{\mu}\right)^{3/2} \cdot \rho^{-1/2} \tag{5.6b}$$

Der Zahlenwert des Faktors C ist $5,14 \cdot 10^{-19}$.

Nun ist in einem Gas bei gegebenem Volumen der Druck der mittleren kinetischen Energie der Atome proportional und diese wiederum proportional der absoluten Temperatur T. Aus den Gln. (5.6a/b) liest man die leicht verständliche Tatsache ab, daß nur bei genügend hoher Temperatur und geringer Dichte die Gaswolke gravitationsstabil ist. Ist

$$m > C \left(\frac{T}{\mu}\right)^{3/2} \cdot \rho^{-1/2}, \tag{5.7}$$

dann zieht sich die Wolke zusammen. Gl. (5.7) ist das Instabilitätskriterium von *Jeans*.

Für das allgemein verteilte interstellare Gas und auch für die Materie in dichteren Gaswolken kann man die mittlere Atommasse $\bar{\mu} \approx 2 \cdot 1,672\,5 \cdot 10^{-27}$ kg setzen. Hierbei ist die Annahme gemacht, daß die interstellare Materie zu 70 % aus H und zu 30 % aus He besteht. Von schwereren Elementen kann für die folgenden Abschätzungen abgesehen werden.

$$\bar{\mu} = \frac{70\,\mu\,(H) + 30\,\mu\,(He)}{100} = \frac{70 + 120}{100}\,\mu\,(H) \approx 2 \cdot \mu\,(H)$$

1. Beispiel: Die Dichte des interstellaren Gases ist $\rho \approx 10^{-21}$ kg m^{-3}, die Temperatur etwa 100 K. Aus Gl. (5.7) ergibt sich

$$m > 8,4 \cdot 10^{34} \text{ kg} \quad \text{oder} \quad m > 4,2 \cdot 10^4 \text{ m}_\odot \quad (m_\odot \approx 2 \cdot 10^{30} \text{ kg}).$$

Hierbei sind die turbulenten Strömungen des Gases nicht berücksichtigt.

Aufgabe:

Wie wirkt sich eine Turbulenz innerhalb einer Wolke in bezug auf die Masse aus, die zur Gravitationsinstabilität erforderlich ist?

2. Beispiel: Interstellares Gas möge sich in einer Wolke auf 100 Atome/cm^3 verdichtet haben. Die Temperatur betrage 100 K. Eine anfängliche Turbulenz sei verschwunden. Aus Gl. (5.7) folgt

$$m > 4,6 \cdot 10^{33} \text{ kg} \quad \text{oder} \quad m > 2,3 \cdot 10^3 \text{ m}_\odot.$$

Aus diesem Beispiel geht hervor, daß aus einer interstellaren Wolke niemals ein einzelner Stern entstehen kann. Im weiteren Verlauf der Entwicklung zerfällt allerdings eine kontrahierende Wolke in Bruchstücke, in denen die Dichte groß und die Temperatur niedrig genug ist, so daß sich einzelne Sterne mit den für sie bekannten Massen bilden können. Sterne entstehen also immer in ganzen Gruppen: Sternhaufen, Assoziationen.

5.2.2 Thermonukleare Reaktionen in Sternen auf der Hauptreihe

Wenn sich eine Verdichtung gebildet hat, aus der ein einzelner Stern entstehen kann, wird zunächst durch weitere Kontraktion potentielle in kinetische Energie, letztlich in Wärmeenergie umgewandelt. Aus dem Virialsatz folgt, daß die Hälfte der Wärme abgestrahlt werden muß. Das Vermögen des „Protosterns", die überschüssige Wärme abzugeben, bestimmt die Geschwindigkeit der Kontraktion. Die im Inneren erzeugte Wärme muß durch Strahlung oder Konvektion zur Oberfläche transportiert werden. Die Wärmeleitung spielt keine wesentliche Rolle. Diese Probleme sollen hier nicht besprochen werden.

Dichte und Temperatur eines Protosterns begünstigen die Bildung von H_2 aus dem ursprünglichen H. Der Protostern besteht zu einem großen Teil aus H_2 und He. Durch Kontraktion wächst die Temperatur. Von etwa 1 800 K an wird H_2 dissoziiert. Dadurch wird viel Energie verbraucht. Der Innendruck läßt nach. Der Protostern erleidet einen Kollaps. Nun wird durch diesen Kollaps die Temperatur so stark erhöht, daß zunächst H und im späteren Verlauf auch He ionisiert wird. Schließlich liegt im Kern völlig ionisierte Materie vor.

Beispiel: Bei einem Protostern von So-Masse beginnt der Kollaps, wenn der Radius etwa 100 AE beträgt. Zum Vergleich: Das heutige Planetensystem hat — soweit bekannt — einen Halbmesser von 50 AE, wenn man den größten Abstand des Plutos zugrunde legt. Nach dem Zusammensturz des Protosterns ist der Radius nur noch 0,2 ... 0,3 AE. Dieses Schrumpfen geschieht in rund 100 a. Im Vergleich zur Gesamtzeit der Sternentstehung von etwa 10^5 a kann man also mit Recht von einem Zusammen-„sturz" sprechen.

Bei einer Temperatur von einigen 10^6 K setzen Kernreaktionen ein. Wenn $T > 5 \cdot 10^6$ K ist, wird die Umwandlung von H in He so wirksam, daß die Kontraktion aufhört. Aus dem Protostern ist ein Stern geworden. Die Energiequelle, aus der der Verlust durch Ausstrahlung gedeckt wird, ist von jetzt an die Kernfusion. Der Stern befindet sich im hydrostatischen Gleichgewicht. In diesem Gleichgewicht befinden sich die weitaus meisten der beobachteten Sterne. Sie haben eine von ihrer Masse und chemischen Zusammensetzung abhängige Oberflächentemperatur und Leuchtkraft. Im HRD liegen sie auf der Hauptreihe (Abschnitt 3.2.4).

Folgende Prozesse kommen für die Bildung von He aus H infrage:
1. Die Proton-Proton-Kette, auch pp-Kette, pp-Reaktion,
2. Der CNO-Zyklus, auch Bethe-Weizsäcker-Zyklus.

pp-Kette:

1. Schritt: $^1_1H(p, e^+\nu)\,^2_1D(p, \gamma)\,^3_2He$ (5.8a)

Nach der Bildung von $^3_2$He gibt es Verzweigungen:

   a) $^3_2$He $(^3_2$He, 2 p$)$ $^4_2$He,

   b) $^3_2$He (α, γ) $^7_4$Be $(e^+\nu)$ $^7_3$Li (p, γ) 2 $^4_2$He,   (5.8b)

   c) $^3_2$He (α, γ) $^7_4$Be (p, γ) $^8_5$B $(e^+\nu)^8_4$Be$^x \rightarrow$ 2 $^4_2$He.

Die unter b) und c) aufgeführten Reaktionen treten mit steigender Temperatur mehr und mehr in Erscheinung.

Bemerkungen zum zeitlichen Ablauf: Im Zentrum der Sonne herrscht eine Temperatur von ca. $14 \cdot 10^6$ K und eine Dichte von etwa 10^2 g cm^{-3}. Unter diesen Bedingungen dauert es im Mittel $14 \cdot 10^9$ a, bis ein Proton sich mit einem anderen zu einem Deuteron vereinigt. Ein Deuteron fängt im Mittel in 6 s ein Proton zur Bildung von $^3_2$He ein. 10^6 a dauert es nun wiederum, bis 2 $^3_2$He-Kerne bei einem Stoß einen $^4_2$He-Kern und 2 Protonen bilden. Es ist klar, daß die mittlere Dauer für das Durchlaufen der pp-Kette durch die langsamste Reaktion bestimmt wird.

Bemerkungen zum Energiegewinn: Die Vereinigung zweier Protonen zu einem Deuteron liefert 1,44 MeV, der Aufbau eines $^3_2$He-Kerns aus $^1_1$H und $^2_1$D 5,49 MeV. Beim letzten Schritt, bei dem aus 2 $^3_2$He-Kernen 1 $^4_2$He-Kern und 2 Protonen entstehen, werden 12,86 MeV frei. Die ersten beiden Schritte müssen zweimal erfolgen, damit für den dritten Schritt 2 $^3_2$He-Kerne zur Verfügung stehen. Die beim 1. Schritt entstehenden Neutrinos verlassen den Stern praktisch ohne Wechselwirkung. Dabei gehen pro Neutrino 0,26 MeV verloren. Die Energiebilanz für den Fall a) ist also

$$2\,(1{,}44 + 5{,}49 - 0{,}26)\ \text{MeV} + 12{,}89\ \text{MeV} = 26{,}23\ \text{MeV}.$$

Für den Fall b) ergibt sich eine „nutzbare" Energie von 25,9 MeV und für c) 19,5 MeV. Im letzten Fall führen die Neutrinos besonders viel Energie mit sich fort, nämlich insgesamt 7,2 MeV pro Reaktionskette.

CNO-Zyklus. Im Bereich von $16 \cdot 10^6$ K bis $50 \cdot 10^6$ K wird die Energie im wesentlichen durch den CNO-Zyklus geliefert:

$$\ulcorner\!\!\rightarrow {}^{12}_6\text{C}\,(p, \gamma)\quad {}^{13}_7\text{N}\,(e^+\nu)\quad {}^{13}_6\text{C}\,(p, \gamma)\quad {}^{14}_7\text{N}\,(p, \gamma)\quad {}^{15}_8\text{O}\,(e^+\nu)\quad {}^{15}_7\text{N}\,(p, \underline{\alpha})\quad {}^{12}_6\text{C}\!\rightarrow\!\urcorner$$
$$1{,}3 \cdot 10^7\ \text{a};\quad 7\ \text{min},\quad 2{,}7 \cdot 10^6\ \text{a},\quad 3{,}2 \cdot 10^8\ \text{a},\quad 82\ \text{s},\quad 1{,}1 \cdot 10^5\ \text{a}$$

(5.9)

Die Zeitangaben gelten wieder für die Verhältnisse im So-Inneren. Der Energiegewinn beträgt bei der Bildung eines $^4_2$He-Kerns 25,03 MeV. 1,69 MeV gehen durch Neutrinos verloren. Die Energie der Positronen bleibt dagegen dem Stern erhalten. Sie zerstrahlen mit Elektronen zu γ-Quanten (Paarvernichtung). Neben dem Hauptzyklus läuft noch ein Nebenzyklus ab. Der letzte Schritt ist hier nicht

$$^{15}_7\text{N}\,(p, \alpha)\ {}^{12}_6\text{C},\quad \text{sondern}\quad {}^{15}_7\text{N}\,(p, \gamma)\ {}^{16}_8\text{O}$$

mit der Fortsetzung

$$^{16}_8\text{O}\,(p, \gamma)\ {}^{17}_9\text{F}\,(e^+\nu)\ {}^{17}_8\text{O}\,(p, \underline{\alpha})\ {}^{14}_7\text{N}.$$

Hier mündet der Nebenzyklus wieder in den Hauptzyklus ein. Der Energiegewinn beträgt im Nebenzyklus 24,74 MeV pro $^4_2$He-Kern. Der Verlust durch Neutrinos ist 1,98 MeV. Als Summe von nutzbarer und verlorener Energie ergibt sich bei allen besprochenen Reaktionen 26,72 MeV. (Hierbei ist auch die 3. Dezimalstelle bei den Einzelenergien berücksichtigt.)

Man schätzt, daß der Energiebedarf der Sonne zu 56 % aus der 1. pp-Kette, zu 40 % aus der 2. pp-Kette und der Rest aus dem CNO-Zyklus gedeckt wird. Nur ein verschwindend kleiner Teil entfällt auf die 3. pp-Kette.

Sieht man in den pp-Ketten und dem CNO-Zyklus von allen Zwischenkernen ab, so reduziert sich die Aussage auf $4\,p \rightarrow \,^4_2$He.

Aufgaben:

1. Die Strahlungsleistung der Sonne beträgt $3,85 \cdot 10^{26}$ W.
   a) Wieviel Protonen müssen in 1 s über die pp-Kette I in $^4_2$He verwandelt werden?
   b) Welchen Massenverlust erleidet die Sonne infolge des Massendefekts in 1 s?
   c) Wieviel Tonnen H werden in 1 s in He verwandelt?
   d) Wie groß ist der Wirkungsgrad, wenn man den Wirkungsgrad bei vollständiger Verwandlung von Masse in Energie gleich 100 % setzt?
2. Die Tabelle 5.2 gibt für einige Spektraltypen der Leuchtkraftklasse V – das sind Sterne auf der Hauptreihe – die Leuchtkraft und Masse in Vielfachen der betreffenden Werte für die Sonne.

Tabelle 5.2

Spektraltyp	Leuchtkraft in $L_\odot$	Masse in $m_\odot$
B0 V	$5,2 \cdot 10^4$	17,5
A0 V	54	2,9
K0 V	0,42	0,79
M0 V	0,077	0,51

Beantworten Sie die Fragen a), b) und c), wie sie in der vorhergehenden Aufgabe für die Sonne gestellt worden sind, für die ausgewählten Sterne.
3. Es kann angenommen werden, daß die Sonne in den vergangenen $4,5 \cdot 10^9$ a in gleicher Weise Energie abgestrahlt hat, wie sie es heute tut. Berechnen Sie den Massenverlust! Welcher Prozentsatz der heutigen Masse ist das?
4. Welchen Prozentsatz seiner Masse verliert ein B0 V-Stern in 10^7 a?

Wenn etwa 10 ... 12 % des gesamten Wasserstoffs in Helium umgewandelt sind, setzen andere Kernreaktionen ein, und der Stern verläßt die Hauptreihe.

Aufgaben:

5. Wie groß ist die Verweilzeit der Sonne auf der Hauptreihe, wenn man annimmt, daß sie während der ganzen Zeit, die sie auf der Hauptreihe verbringt, die gleiche Leuchtkraft besitzt und zu Beginn zu 70 % (Massenprozent) aus Wasserstoff bestand? Rechnen Sie mit dem Ergebnis von Aufgabe 1 c) und mit einer Wasserstoffumwandlung von 12 %.
6. Wie groß ist unter gleichen Voraussetzungen wie in der vorhergehenden Aufgabe die Verweilzeit eines B0 V- und eines M0 V-Sterns?

Zum ausreichenden Verständnis der Reaktionen im Inneren eines Sterns ist es nötig zu
überlegen, wann überhaupt eine Verschmelzung zweier Kerne möglich ist. Da die positiven
Kernladungen sich abstoßen, ist eine genügend große kinetische Energie der Stoßpartner
erforderlich, damit sich zwei Kerne so nahe kommen, daß die starken anziehenden Kernkräfte wirksam werden. Bezeichnet man den Abstand, der für eine Fusion erreicht werden
muß, mit r_0, die Kernladungszahlen der beiden Kerne mit Z_1 und Z_2, so gilt

$$E_k \geqq - \int_{\infty}^{r_0} \frac{Z_1 Z_2 e^2}{4 \pi \epsilon_0 r^2} \, dr^{1)}; \quad E_k \geqq \frac{Z_1 Z_2 e^2}{4 \pi \epsilon_0 r_0} . \tag{5.10}$$

Für das H-Brennen gilt $r_0 = 1,42 \cdot 10^{-15}$ m; $Z_1 = Z_2 = 1$. Damit erhält man

$$\overline{E}_k \geqq 1,65 \cdot 10^{-13} \text{ J} \approx 1,03 \text{ MeV}.$$

Bei $1,4 \cdot 10^7$ K beträgt die mittlere kinetische Energie eines Teilchens

$$\overline{E}_k = \frac{3}{2} kT \approx 2,9 \cdot 10^{-16} \text{ J} \approx 1,8 \text{ keV}$$

Wie kann es trotz des beträchtlichen Unterschieds zwischen der zur Verschmelzung be-
nötigten und der vorhandenen mittleren kinetischen Energie zu Kernreaktionen kommen?

1. $E_k = 1,03$ MeV ist die kinetische Energie der *relativen* Stoßbewegung. Die mittlere
   Energie der einzelnen Teilchen braucht entsprechend der herrschenden Temperatur nur
   1/4 so groß zu sein.
2. Man muß die Maxwellsche Geschwindigkeitsverteilung beachten. Die Anzahl der Teilchen mit kinetischen Energien oberhalb 1,8 keV nimmt allerdings mit wachsender
   Differenz gegen diesen Wert sehr schnell ab.

Auf Grund der unter 1 und 2 genannten Tatsachen kämen viel zu wenig Protonen in einer
Sekunde zur Fusion, um den Energiebedarf der Sonne und anderer Sterne zu decken.

3. Entscheidend ist der Tunneleffekt. Für Teilchen, die den Potentialwall nicht überlaufen
   können, besteht eine gewisse Wahrscheinlichkeit, diesen Wall an tieferer Stelle zu durchdringen.

Aufgabe:

7. Eine interessante Abschätzung! Es soll angenommen werden, daß in einem zentralen Bereich der
   Sonne, in dem 5 % der Masse vereinigt sind, der Wasserstoffgehalt heute nur noch 50 % beträgt.
   Welcher Bruchteil der Protonen nimmt je Sekunde an der Umwandlung in He teil?

Würde die mittlere kinetische Energie der Protonen in der Sonne für eine Fusion aus-
reichen, dann käme es in kürzester Zeit zu einer ungeheuren Energieproduktion. Die Sonne
würde auseinander gerissen.

5.2.3 Kernprozesse in Sternen außerhalb der Hauptreihe

Wenn 10 ... 12 % des Wasserstoffs verbraucht sind, besteht der Kern eines Sterns zum
größten Teil aus Helium. Das H-Brennen ist erloschen. Für Reaktionen der He-Kerne mit-

---

1) Für die physikalische Arbeit gilt: $E = \int_{r_1}^{r_2} F(r) \, dr$; $F(r)$ ist hier die Coulombkraft.

einander ist die Temperatur noch nicht hoch genug. Der Kern kontrahiert. Die Materie der Hülle stürzt nach. Dadurch wird die Temperatur in einer dünnen, den Kern umgebenden Schicht so hoch, daß hier H in He umgewandelt werden kann. Man spricht von einem *Schalenbrennen*. Aber auch die Temperatur des Kerns wächst. Bei ca. 10^8 K können He-Kerne miteinander reagieren. Der jetzt einsetzende 3-α-Prozeß — auch Salpeter-Prozeß genannt, nach *E. E. Salpeter* 1951 — liefert soviel Energie, daß die Kontraktion zum Stillstand kommt. Inzwischen aber hat sich die Hülle des Sterns durch die beim Schalenbrennen und der Kontraktion frei werdenden Energie stark ausgedehnt, wobei die Oberflächentemperatur sinkt. Der Stern ist in ein Gebiet rechts oberhalb der Hauptreihe abgewandert (Abschnitt 3.2.4). Er ist zum *roten Riesen* geworden.

3-α-Prozeß. Zunächst verschmelzen 2 $^4_2$He-Kerne zu $^8_4$Be:

$$^4_2\text{He} + ^4_2\text{He} = ^8_4\text{Be} + \gamma - 0,095 \text{ MeV.} \tag{5.11a}$$

Der Prozeß ist leicht endotherm. $^8_4$Be ist instabil und zerfällt sehr schnell wieder in 2 α-Teilchen. Eine winzige Beimengung von $^8_4$Be ist aber immer vorhanden, etwa 1 $^8_4$Be-Kern auf 10^{10} $^4_2$He-Kerne. Die folgende Reaktion führt zu $^{12}_6$C:

$$^8_4\text{Be} (\alpha, \gamma) \, ^{12}_6\text{C} + 7,3 \text{ MeV} \tag{5.11b}$$

Der Aufbau von $^{12}_6$C aus $^4_2$He läßt sich auch kurz so schreiben:

$$2 \, ^4_2\text{He} \rightleftharpoons ^8_4\text{Be} (\alpha, \gamma) \, ^{12}_6\text{C.} \tag{5.12}$$

Der Doppelpfeil zeigt die Instabilität von $^8_4$Be an. Wegen des raschen Zerfalls von $^8_4$Be müssen 3 $^4_2$He-Kerne fast gleichzeitig zusammenstoßen. Deshalb spricht man auch von einem Dreierstoß. Der Prozeß kann nur bei genügend hoher Dichte ablaufen, $\rho \gtrsim 10^4$ g cm^{-3}.

Nach der Bildung von $^{12}_6$C können, wenn im Sterninneren die nötigen Bedingungen erreicht werden, folgende Reaktionen ablaufen:

$$
\begin{aligned}
&^{12}_6\text{C} (\alpha, \gamma) \, ^{16}_8\text{O} + 7,15 \text{ MeV} \\
&^{16}_8\text{O} (\alpha, \gamma) \, ^{20}_{10}\text{Ne} + 4,75 \text{ MeV} \\
&^{20}_{10}\text{Ne} (\alpha, \gamma) \, ^{24}_{12}\text{Mg} + 9,31 \text{ MeV.}
\end{aligned}
\tag{5.13}
$$

Die Elemente mit höherer Ordnungszahl werden mit abnehmender Häufigkeit gebildet. Das ist wegen der immer stärkeren abstoßenden Coulombkräfte verständlich.

Erreicht die Temperatur Werte von $5 \cdot 10^8$ K, dann setzt das Kohlenstoffbrennen ein:

$$
\begin{aligned}
&^{12}_6\text{C} (^{12}_6\text{C}, \text{p}) \, ^{23}_{11}\text{Na} + 2,2 \text{ MeV} \\
&^{12}_6\text{C} (^{12}_6\text{C}, \alpha) \, ^{20}_{10}\text{Ne} + 4,6 \text{ MeV.}
\end{aligned}
\tag{5.14}
$$

Dies sind zwei von mehreren Zerfallsprodukten des instabilen Zwischenkerns $^{24}_{12}$Mg^x, der beim Kohlenstoffbrennen gebildet wird.

Aus allen Energieangaben erkennt man sofort, daß das *Wasserstoffbrennen die ergiebigste Energiequelle* ist. Die Zeit, die ein Stern im Riesenstadium verbringt, ist deshalb wesentlich kürzer als die Verweilzeit auf der Hauptreihe.

Auf ein mögliches „Sauerstoff- bzw. Neonbrennen", das u.a. zu $^{28}_{14}$Si und $^{32}_{16}$S führt, soll hier nicht eingegangen werden, ebensowenig wie auf das Siliziumbrennen, das zum stabilsten aller Kerne, dem $^{56}_{26}$Fe, führt. Es soll nur noch auf einige Reaktionen hingewiesen werden, die Neutronen liefern. Neutronen brauchen keinen Potentialwall zu überwinden und können daher zur Bildung von Elementen mit höherer Ordnungszahl dienen. Hier 2 Beispiele:

$$^{12}_{6}\text{C}\,(\text{p},\,\gamma)\ ^{13}_{7}\text{N}\,(\text{e}^{+}\,\nu)\ ^{13}_{6}\text{C}\,(\alpha,\,\underline{\text{n}})\ ^{16}_{8}\text{O}$$

$$^{20}_{10}\text{Ne}\,(\text{p},\,\gamma)\ ^{21}_{11}\text{Na}\,(\text{e}^{+}\,\nu)\ ^{21}_{10}\text{Ne}\,(\alpha,\,\underline{\text{n}})\ ^{24}_{12}\text{Mg}. \tag{5.15}$$

Für Temperaturen $T \geqslant 3 \cdot 10^{9}$ K ist eine andere Betrachtungsweise nötig. Die ablaufenden Reaktionen sind so zahlreich und derart miteinander verknüpft, daß nur noch statistische Methoden helfen. Es handelt sich im wesentlichen um die abbauenden Reaktionen (γ, p), (γ, α), (γ, n) – Kernphotoeffekte – und die in umgekehrter Richtung ablaufenden Reaktionen (p, γ), (α, γ), (n, γ). Bei einer bestimmten Temperatur und Dichte stellt sich ein Gleichgewicht zwischen Abbau und Aufbau ein. *Hoyle, Burbidge, Fowler* u. a. haben Rechnungen mit verschiedenen Wertepaaren für T und ρ durchgeführt. Nach Burbidge und Mitarbeitern ergibt sich für die Elemente bis zur Eisengruppe eine gute Darstellung der beobachteten Häufigkeit, wenn man $T = 3{,}78 \cdot 10^{9}$ K und $\rho \approx 10^{5}$ g cm^{-3} setzt. Den Prozeß, bei dem sich zwischen den auf- und abbauenden Reaktionen ein Gleichgewicht einstellt, nennt man e-Prozeß (e → Equilibrium).

Es ist verständlich, daß durchaus noch nicht alle Fragen zur Entstehung der Elemente geklärt sind. Vor allem die Bildung der Elemente von Eisen bis Uran bietet von der theoretischen Seite wie von der Beobachtung her so viele Schwierigkeiten, daß man sich über eine größere Anzahl recht verschiedener und konkurrierender Theorien nicht wundern darf. Näheres findet man z. B. in „Der neue Kosmos" von Unsöld, S. 359 usw. (2. Aufl. 74) oder in „Die Entstehung der Elemente" von J. Audouze u. S. Vauclair, Deutsche Verlagsanstalt 74.

5.2.4 Endstadien der Sterne: Weiße Zwerge, Neutronensterne, Schwarze Löcher

Auf all die möglichen und viel diskutierten Vorgänge nach Ablauf der Kernreaktionen, bei denen Energie gewonnen wird, kann hier nicht ausführlich eingegangen werden. Einige Andeutungen müssen genügen.

1. Wie weit die Bildung von Elementen mit höherer Ordnungszahl bis hin zum Eisen fortschreitet, hängt von der Masse des Sterns ab und damit von seiner Fähigkeit, durch wiederholte Kontraktionen immer höhere Temperaturen im Inneren zu erzeugen. Für M0V-Sterne mit einer Masse von $0{,}5\ \text{m}_{\odot}$ hören die Kernreaktionen nach dem H-Brennen auf. In B0V-Sternen kann der Aufbau bis zum Eisen führen.

2. Wenn der Aufbau der Elemente bis zum Eisen fortgeschritten ist, kann durch Kernreaktionen keine Energie mehr gewonnen werden (siehe die Aufgabe über die Bindungsenergie pro Nukleon mit Tabelle 5.1). Bei etwa 10^{10} K kann nach Fowler und Hoyle eine Photodissoziation des Eisens stattfinden:

$$^{56}_{26}\text{Fe} + \gamma \rightarrow 13\ ^{4}_{2}\text{He} + 4\,\text{n} - \text{E} \tag{5.16a}$$

und im weiteren Verlauf

$$^4_2\text{He} + \gamma \rightarrow 2\,\text{p} + 2\,\text{n} - \text{E}. \tag{5.16b}$$

Die in beiden Fällen benötigte Energie wird der Gravitationsenergie entzogen. Der zentrale Bereich des Sterns stürzt zusammen. Dieser Kollaps erfolgt in weniger als 1 s! Wegen der geringeren Dichte erfolgt der Sturz der Hülle zum Zentrum hin mit zeitlicher Verzögerung. Die Vorgänge, die sich bei diesem Sturz abspielen, sind noch keineswegs geklärt. Zwei Tatsachen allerdings sind ohne weiteres verständlich.

a) Die Temperatur in der Hüllenmaterie steigt plötzlich und stark an.

b) In diesen äußeren Schichten gibt es noch Atomkerne, die bei genügend hoher Temperatur zu Energie liefernden Reaktionen fähig sind. Die Energie, die in der nachstürzenden Hülle in kürzester Zeit frei wird, kann zu einer explosionsartigen Expansion führen. Vielleicht sind auf diese Weise Vorgänge zu erklären, die beim Auftreten einer *Supernova* beobachtet werden. Supernovae sind Sterne am Ende ihrer Entwicklung, deren Helligkeit plötzlich, d. h. in wenigen Wochen bis auf das 10^8fache ansteigt. Der Kollaps des Kerns kann zu einem Neutronenstern führen.

3. Neutrinos entziehen dem Stern Energie, da sie fast alle ohne Wechselwirkung entweichen. Neben den weiter oben erwähnten Reaktionen, bei denen Neutrinos entstehen, sind bei Temperaturen oberhalb $3 \cdot 10^8$ K folgende Möglichkeiten zu beachten:

a) $e^- + e^+ \rightarrow \nu_e + \bar{\nu}_e$,

b) $e^- + \gamma \rightarrow e^- + \nu_e + \bar{\nu}_e$,

c) Kern $+ e^- \rightarrow$ Kern $+ e^- + \nu_e + \bar{\nu}_e$,

d) bei hohen Dichten können durch Plasmaschwingungen Neutrinopaare $\nu_e + \bar{\nu}_e$ entstehen — Plasma-Neutrinos.

Zu a) Normalerweise führt die Paarvernichtung zu γ-Quanten. Mit wachsender Temperatur nimmt die Wahrscheinlichkeit der Reaktion unter a) zu.

Zu b) Diese Reaktion ist dem Compton-Effekt zu vergleichen.

Zu c) Hier treten bei frei-frei-Übergängen Neutrinos statt der sonst üblichen Photonen auf.

Der Entzug von Neutrinos kann dazu führen, daß die Temperatur im Inneren nicht weiter steigt, u. U. sogar sinkt. Kernreaktionen, die besonders hohe Temperaturen erfordern, z. B. das Kohlenstoffbrennen, werden dadurch zunächst verhindert. Wenn das Maximum der Neutrinoproduktion überschritten ist, kann die Reaktion zwischen $^{12}_6\text{C}$ explosiv einsetzen. Die dabei frei werdende Energie kann den ganzen Stern auseinanderreißen. Hier sehen manche Forscher eine andere Möglichkeit, die Vorgänge beim Erscheinen einer Supernova zu erklären.

Die bei einem Supernova-Ausbruch frei werdende Energie — Strahlungsenergie und kinetische Energie der ausgeschleuderten Materie — beträgt $10^{43} \ldots 10^{44}$ J. Um diese Energie in Form von Strahlung abzugeben, braucht die Sonne $8,3 \cdot 10^8 \ldots 8,3 \cdot 10^9$ a! Wenn man nur die Strahlungsenergie einer Supernova mit derjenigen der Sonne vergleicht, erhält man je nach dem Typ der Supernova — SNII oder SNI — $8,3 \cdot 10^5 \ldots 8,3 \cdot 10^7$ a.

Ein Supernovaausbruch ist nur bei den massenreichen Sternen der Spektralklassen O und B möglich. In der abgestoßenen Hülle können noch Prozesse stattfinden, bei denen schwerere Elemente als Eisen entstehen. So wird das interstellare Gas, aus dem sich ja wieder neue Sterne bilden, mit der Zeit mit Elementen höherer Ordnungszahlen angereichert. Unsere Sonne muß also zu einer späteren Generation von Sternen gehören.

Weiße Zwerge. Wenn die Masse eines Sterns unter $1,44$ $m_\odot$ liegt — Chandrasekhar-Grenze, 1930 — hören die Kernreaktionen praktisch nach dem H-Brennen auf. Das Innere besteht also im wesentlichen aus He. Vielleicht ist auch durch den 3-α-Prozeß ein wenig $^{12}_{6}C$ entstanden. Kernenergie wird nicht mehr produziert. Der Stern kontrahiert, bis das *Elektronengas entartet* ist.

Erläuterung: Man muß zwischen dem Volumenelement des Ortsraums $\Delta V = \Delta x \cdot \Delta y \cdot \Delta z$ und dem Volumenelement des Impulsraums $\Delta p = \Delta p_x \cdot \Delta p_y \cdot \Delta p_z$ unterscheiden. Das Produkt $\Delta V \cdot \Delta p$ ist ein Element des Phasenraums. Die Quantenmechanik sagt nun aus, daß der Phasenraum aus Elementarzellen der Größe h^3 besteht (h Plancksches Wirkungsquantum). Das Pauli-Prinzip fordert, daß in einer Zelle des Phasenraums höchstens 2 Elektronen sind. (Hier sei an die Besetzung der K-Schale eines Atoms mit höchstens 2 Elektronen erinnert).

Wenn nun ΔV kleiner wird, muß Δp größer werden, d. h., die Impulse werden größer und damit auch der Druck des Elektronengases, bis die Kontraktion aufhört. Die Zustandsgleichung hat im Bereich der nichtrelativistischen Entartung die Form $p \sim \rho^{5/3}$ (statt $p \sim \rho \cdot T$). Die Temperatur spielt in der Zustandsgleichung keine Rolle mehr. Es kann also auch keine Temperaturerhöhung erfolgen. Damit fällt die Möglichkeit fort, andere Kernenergiequellen anzuzapfen. Der Stern kühlt langsam ab. (Wegen der größeren Masse der Protonen, Neutronen und Heliumkerne entartet ein Protonen- bzw. Neutronen- oder He-Gas erst bei wesentlich höheren Dichten.)

Einige Daten über weiße Zwerge:

Durchmesser: $\approx 1/100$ So-Durchmesser $\approx$ Durchmesser der Erde,

mittlere Dichte: $\bar{\rho} \approx 10^5 - 5 \cdot 10^6$ g cm^{-3},

zentrale Dichte: $\rho_z \approx 1,5 \cdot 10^7$ g cm^{-3},

Masse: unter $1,44$ $m_\odot$, im Mittel $0,6$ $m_\odot$,

Schwerebeschleunigung: im Mittel 10^6 m s^{-2},

Entweichgeschwindigkeit: $\approx 4\,000$ km s^{-1}.

Durch Abkühlung nimmt die Temperatur von sehr hohen Werten — die Sterne erscheinen blau-weiß, daher der Name „Weiße Zwerge" — langsam ab. Wenn die Temperatur unter etwa 3 000 K gesunken ist — der weiße Zwerg ist jetzt rot! — ist die Helligkeit so gering geworden, daß eine Entdeckung nicht mehr möglich ist.

Man schätzt, daß etwa 6 ... 10 % aller Sterne in der So-Umgebung weiße Zwerge sind.

Bemerkung: Auch Sterne mit $m > 1,44$ $m_\odot$ können zu weißen Zwergen werden. Sie müssen aber im Laufe ihrer Entwicklung genügend Masse abstoßen. Die Prozesse, die zu einem ausreichenden Massenverlust führen, sind noch nicht vollkommen geklärt. Im Inneren von weißen Zwergen, die aus Sternen mit $m > 1,44$ $m_\odot$ entstanden sind, können natürlich auch höhere Elemente als He (und $^{12}_{6}C$) vorhanden sein.

Neutronensterne. Wenn die Masse eines Sterns die Chandrasekhar-Grenze übersteigt, kann die Dichte im Inneren des Sterns zu Werten $> 10^{10}$ g cm^{-3} anwachsen. Dann spielt sich in steigendem Maße die Reaktion $p + e^- \rightarrow n + \nu$ ab. Das Verschwinden der Elektronen bewirkt eine Druckverminderung. Der Stern stürzt soweit zusammen, bis er im wesentlichen aus Neutronen besteht. Dieser Kollaps ist mit eimem Ausstoß erheblicher Massen in den interstellaren Raum verbunden. Ist die verbleibende Masse des Sterns nicht größer als etwa $2 \ldots 3$ m$_\odot$ — diese Grenze kann noch nicht sehr scharf angegeben werden —, kommt es zu einem Gleichgewichtszustand. *Der Radius eines Neutronensterns liegt in der Größenordnung von 10 ... 15 km.*

Aufgaben:

1. Wie groß ist die Dichte eines Neutronensterns, wenn sein Radius a) 10 km, b) 15 km beträgt? Die Masse sei 1 m$_\odot$.

2. Wie groß ist die Schwerebeschleunigung an der Oberfläche eines Neutronenstern mit der Masse 1 m$_\odot$ und dem Radius 15 km?

3. Bei welcher Rotationsfrequenz tritt a) bei einem weißen Zwerg (m = 0,6 m$_\odot$, R = $6 \cdot 10^3$ km) b) bei einem Neutronenstern (m = 1 m$_\odot$, R = 15 km) Instabilität ein?

Landau, Zwicky, Oppenheimer und *Volkoff* haben schon in der Zeit zwischen 1932 und 1939 die Möglichkeit von Neutronensternen diskutiert. Ihre Existenz ist heute gesichert. *Die 1967 entdeckten Pulsare sind sehr rasch rotierende Neutronensterne.* Die bisher bekannten Rotationsperioden liegen zwischen 0,001 s und 4,3 s. Der bekannteste Pulsar steht im Krebsnebel im Stier. Er ist der kollabierte Überrest eines Sterns, der 1054 als Supernova erschien. Mit 0,033 s hatte er die kürzeste bis 1982 bekannte Periode. Inzwischen sind einige superschnelle Neutronensterne entdeckt worden, die man wegen ihrer kurzen Rotationszeit von 1,6 ms bis 6,1 ms als eine besondere Klasse von Pulsaren betrachten muß.

Schwarze Löcher. Sterne, die das letzte Stadium ihrer Entwicklung mit einer Masse unter 2 m$_\odot$ erreichen, enden in einem Gleichgewichtszustand. Sie werden zu weißen Zwergen oder Neutronensternen. Sie besitzen im wesentlichen nur noch thermische und Rotationsenergie. Gelingt es einem massereichen Stern nicht, vor Beginn der letzten Phase seiner Entwicklung genügend Masse abzuwerfen, dann kommt es zu einer unaufhaltsamen Kontraktion. Die Schwerebeschleunigung wächst mit kleiner werdendem Radius ($g \sim 1/R^2$). Schließlich wird sie so groß, daß selbst Lichtquanten den Stern nicht mehr verlassen können.

Den Lichtquanten mit der Energie $h\nu_0$ kann wegen der Äquivalenz zwischen Energie und Masse eine Masse m_{Ph} zugeschrieben werden:

$$h\nu_0 = m_{Ph} c^2 \rightarrow m_{Ph} = \frac{h\nu_0}{c^2}.$$

Mit dieser Beziehung läßt sich die Rotverschiebung — Energieverlust! — im Gravitationsfeld näherungsweise leicht berechnen. Verläßt ein Photon einen Stern mit der Masse m und dem Radius R, verliert es insgesamt die Energie

$$E = G \cdot \frac{h\nu_0}{c^2} \cdot \frac{m}{R} \tag{5.17}$$

(Abschnitt 2.1.1). Dann gilt, wenn ν_0 die ursprüngliche, ν die nach dem Verlassen des Gravitationsfeldes beobachtete Frequenz ist

$$h\nu_0 - h\nu = G \cdot \frac{h\nu_0}{c^2} \cdot \frac{m}{R}.$$ (5.18)

Mit $\nu_0 = \frac{c}{\lambda_0}$ und $\nu = \frac{c}{\lambda}$ erhält man

$$\frac{\lambda - \lambda_0}{\lambda} = \frac{G}{c^2} \cdot \frac{m}{R} \quad \text{bzw.} \quad \frac{\Delta\lambda}{\lambda} = \frac{G}{c^2} \cdot \frac{m}{R}.$$ (5.19)

Bei dieser Ableitung sind weder die Gesetze der allgemeinen Relativitätstheorie berücksichtigt noch die Tatsache, daß die dem Photon zugeordnete Masse sich bei der Bewegung im Gravitationsfeld ändert. Die exakte Rechnung liefert

$$\frac{\Delta\lambda}{\lambda_0} = \frac{1}{\sqrt{1 - \frac{2\,G}{c^2} \cdot \frac{m}{R}}} - 1.$$ (5.20)

Aufgaben:

4. Zeigen Sie, daß die Beziehung (5.20) für $\frac{2\,G}{c^2} \cdot \frac{m}{R} \ll 1$ in Gl. (5.19) übergeht.

5. Berechnen Sie für einen weißen Zwerg die beobachtete Wellenlänge der H_γ-Linie. $\lambda_0 = 434$ nm, $m = 0,6\ m_\odot$, $R = 6 \cdot 10^3$ km.

6. Führen Sie die gleiche Rechnung wie in der vorhergehenden Aufgabe für einen Neutronenstern durch, einmal mit der Näherungsformel, dann mit der exakten Beziehung. $m = 1\ m_\odot$, $R = 15$ km.

Wird durch Schrumpfung des Sterns bei konstanter Masse $\frac{2\,G}{c^2} \cdot \frac{m}{R} = 1$, so wird nach Gl. (5.20) die Rotverschiebung unendlich groß. Strahlung kann den Stern dann nicht mehr verlassen. Ein solches Objekt nennt man „Schwarzes Loch". Den kritischen Radius

$$R_S = \frac{2\,Gm}{c^2}$$ (5.21)

nennt man *Schwarzschild-Radius* (nach *Karl Schwarzschild* 1873–1916). Da im Bereich eines schwarzen Loches die euklidische Geometrie nicht mehr gilt, gibt $2\,\pi\,R_S$ zwar den Umfang des schwarzen Loches an, R_S aber nicht den kürzesten Weg von einem Punkt dieses Umfangs zum Zentrum. Um sich diesen Unterschied zur euklidischen Geometrie klar zu machen, denke man z. B. an einen Kreis auf einer Kugel, dessen Mittelpunkt ebenfalls auf der Kugeloberfläche liegt. R_S ist auch nicht ein Maß für die Ausdehnung des kollabierten Körpers. Die Materie stürzt unaufhaltsam ins Zentrum des schwarzen Loches. Durch R_S wird die Größe des sogenannten „*Ereignishorizonts*" bestimmt. Aus Bereichen innerhalb des Ereignishorizonts können keine Informationen die Außenwelt erreichen.

Die Sonne kann sich nicht so stark kontrahieren, daß sie zu einem schwarzen Loch würde. Der Schwarzschild-Radius der Sonne — ein rein rechnerischer Wert — kann zur einfachen Berechnung des Schwarzschild-Radius eines Sterns dienen. Es gilt

$$R_{S\odot} \approx 3\ \text{km}; \quad R_S \approx 3 \cdot \frac{m_*}{m_\odot}\ \text{km}.$$ (5.22)

Für die Erde erhält man $R_{SE} \approx 9$ mm! Dieser rein theoretische Wert kann die unvorstellbare Dichte in einem solchen Objekt veranschaulichen.

Schon *Laplace* hat überlegt, unter welchen Bedingungen Licht einen Stern nicht mehr verlassen könnte. Er ging von der Entweichgeschwindigkeit aus. Aus $v_e = \sqrt{\dfrac{2\,Gm}{R}}$ folgt mit $v_e = c : R_S = \dfrac{2\,Gm}{c^2}$. *„Ein Stern von der gleichen Dichte wie die Erde und einem Durchmesser, der 250 mal so groß ist wie der unserer Sonne, würde es infolge der Gravitation jeder Strahlung unmöglich machen, uns zu erreichen. Es ist deshalb nicht ausgeschlossen, daß die größten Körper im Weltall aus diesem Grunde unsichtbar sind.(Pierre Simon Laplace, 1798).“*

Die Astronomen sehen heute im wesentlichen nur eine Möglichkeit, die Existenz von schwarzen Löchern nachzuweisen: Wenn ein schwarzes Loch die Komponente eines engen Doppelsterns ist, kann Materie des normalen Partners in größerem Maße zum schwarzen Loch hinströmen und schließlich in dieses hineinstürzen (Bild 5.2). Um das schwarze Loch bildet sich eine Scheibe, in der das Gas innen schneller rotiert als außen. Durch Reibung entsteht thermische Energie. Die inneren Bereiche der Scheibe erreichen dabei Temperaturen von einigen 10^6 K. Die ausgesandte Strahlung liegt im Bereich der Röntgenstrahlung.

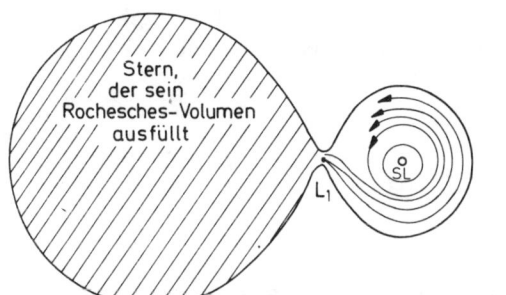

Bild 5.2

L_1: Erster Lagrange Punkt

SL: Schwarzes Loch

Man wird also nach Röntgenquellen suchen, die einem Doppelstern angehören. Die Entscheidung, ob ein Doppelstern vorliegt, wird durch den Dopplereffekt ermöglicht. Die Linien im Spektrum der sichtbaren Komponente müssen periodische Verschiebungen aufweisen. Schließlich ist es noch nötig, die Masse des unsichtbaren Begleiters zu ermitteln. Nur wenn diese größer als etwa 3 Sonnenmassen ist, ist der Verdacht auf ein schwarzes Loch gerechtfertigt.

Die Röntgenquelle Cyg X-1 im Sternbild Schwan erfüllt mit einiger Sicherheit die Anforderungen, die an ein schwarzes Loch gestellt werden. Daneben gibt es einige andere Objekte, die weitere Untersuchungen lohnend erscheinen lassen. Es wird stark angenommen, daß sich im Kern von Galaxien — so auch im Zentrum unserer Milchstraße —

ein schwarzes Loch befindet. Doch sicher nachgewiesen ist ein schwarzes Loch bisher in keinem Fall.

Dem Engländer *Stephen Hawking* ist 1974 eine Verknüpfung der allgemeinen Relativitätstheorie mit der Quantentheorie geglückt, die zu der aufsehenerregenden Folgerung führt, daß schwarze Löcher strahlen müssen.[1] Schon vorher hatte man erkannt, daß die Größe des Ereignishorizontes ein Verhalten zeigt, wie es bezüglich der Entropie bekannt ist. Der Ereignishorizont kann bei Einsturz von Materie in ein schwarzes Loch oder bei der Verschmelzung schwarzer Löcher nur zunehmen. Hinzu kommen weitere Parallelen zum zweiten Hauptsatz. Hawkings Überlegungen und Rechnungen zeigen nun unmißverständlich, daß hier nicht nur eine formale Ähnlichkeit besteht, sondern daß jedes schwarze Loch eine Entropie besitzt und damit auch eine von Null verschiedene absolute Temperatur. Für diese ergibt sich

$$T = \frac{\hbar \cdot c^3}{8\,\pi\,G\,k\,m} \qquad\qquad (5.23)$$

Für ein schwarzes Loch mit Sonnenmasse erhält man $T \approx 10^{-7}$ K, für andere Massen gilt

$$T \approx 10^{-7} \cdot \frac{m_\odot}{m}\ \text{K.} \qquad\qquad (5.23a)$$

Für normale schwarze Löcher, d. h. solche, deren Masse einige Male größer ist als die Masse der Sonne, ist die Temperatur und damit die Wechselwirkung mit der Umgebung unmerklich klein. Entsprechend groß ist ihre Lebensdauer. Die Rechnung ergibt

$$t_L \approx 10^{66} \cdot \left(\frac{m}{m_\odot}\right)^3\ \text{Jahre.} \qquad\qquad (5.24)$$

Das Maximum der Ausstrahlung liegt bei

$$\lambda \approx 3 \cdot 10^4 \cdot \frac{m}{m_\odot}\ \text{Meter.}$$

Außer Photonen werden auch Elektronen, Positronen, Neutrinos und Gravitonen ausgesandt.

Hawking u. a. halten es für möglich, daß sich unter den besonderen Verhältnissen, die im Anfangsstadium unserer Welt herrschten, zahlreiche schwarze Mini-Löcher gebildet haben können.

Aufgabe:

7. Berechnen Sie für ein schwarzes Mini-Loch mit der Masse 10^{12} kg
    a) den Schwarzschildradius,
    b) die absolute Temperatur,
    c) die Lebensdauer t_L und
    d) die Wellenlänge für das Maximum der Ausstrahlung.

---

[1] Stephen Hawking, „Black hole explosions", Nature, März 1974.

Minilöcher von etwa $5 \cdot 10^{11}$ kg müßten sich heute gerade auflösen, wenn man das Alter der Welt mit $2 \cdot 10^{10}$ Jahren ansetzt. Durch Strahlung verlieren die schwarzen Löcher an Masse. Da mit abnehmender Masse die Temperatur steigt und die noch verbleibende Lebenszeit rapide kleiner wird, ist das Ende eines schwarzen Loches eine heftige Explosion. Der Betrag der dabei freigesetzten Energie — hauptsächlich in Form von γ-Strahlung — hängt von dem Bau der Elementarteilchen (etwa aus Quarks) ab. Damit könnte ein weiterer enger Zusammenhang zwischen Kosmologie und Elementarteilchenphysik gefunden sein.

Die Wirkungen eines schwarzen Loches auf die Außenwelt sind durch nur drei Parameter bestimmt: Masse, Drehmoment und elektrische Ladung. All die unzähligen Eigenschaften eines Körpers, der zum schwarzen Loch wird, wie z. B. Gestalt, Zahl und Art der Atome und Moleküle, aus denen er besteht, Dichte- Temperatur- und Druckverteilung in seinem Inneren, magnetisches Feld usw. gehen für den Beobachter, der ja außerhalb des Ereignishorizontes bleiben muß, wenn er seine Existenz bewahren will, verloren. Diese Aussage wird das „No Hair Theorem" genannt: Ein schwarzes Loch hat keine Haare. Die Physiker kommen durch das No Hair Theorem in einige Verlegenheit, u. a. dadurch, weil der vielfach bewährte Satz von der Erhaltung der Baryonenzahl verletzt wird.

Es gibt noch viele weitere interessante Ergebnisse und ungelöste Probleme in diesem Bereich der Forschung. Doch zeigen schon die wenigen Bemerkungen über die Endstadien von Sternen, insbesondere über schwarze Löcher, wie fesselnd das hier angeschnittene Grenzgebiet der Astrophysik ist. Man kann mit größter Spannung die weitere Entwicklung erwarten.

Anhang

A.1 Erläuterung einiger Begriffe

Albedo: Die Albedo (albus = weiß) ist ein Maß für das Rückstrahlvermögen nichtspiegelnder Flächen.

Aphel, Apogäum, Apastron: siehe Apsiden

Apsiden, Apsidenlinie: Bei der Bewegung eines Himmelskörpers um einen anderen ist die Entfernung zwischen beiden Körpern in einem Punkt am kleinsten, in einem anderen am größten. Diese beiden Punkte nennt man Apsiden, ihre Verbindungslinie die Apsidenlinie. Bezüglich der Sonne heißen die Apsiden Perihel (Sonnennahpunkt) und Aphel (Sonnenfernpunkt), bezüglich der Erde Perigäum (Erdnähe) und Apogäum (Erdferne), bezüglich eines Doppelsterns Periastron und Apastron.

Astronomische Einheit, AE: Die astronomische Einheit ist *angenähert* gleich der halben großen Achse der Erdbahn um die Sonne. Nach internationaler Vereinbarung gilt 1 AE = 149,6 · 10^9 m. (Näheres siehe z. B. in ,,Sterne und Weltraum", Jahrg. 11, Nr. 11, Nov. 1972, S. 298 ,,Die Astronomische Einheit" von F. Gondolatsch.)

Frühlingspunkt (Herbstpunkt): Die Erdbahn und der Himmelsäquator – d. i. die Projektion des Erdäquators vom Mittelpunkt der Erde aus auf die Himmelskugel – schneiden sich in einer Geraden. Durch diese Gerade sind zwei Richtungen im Weltall bestimmt. Die Richtung, in der von der Erde aus am Frühlingsanfang der Mittelpunkt der Sonne steht, ist die Richtung zum Frühlingspunkt. Die entgegengesetzte führt zum Herbstpunkt. Der Frühlingspunkt bewegt sich entgegen der scheinbaren jährlichen Bewegung der Sonne, d. h. → rückläufig. Für einen vollen Umlauf braucht er etwa 25 700 Jahre.

galaktische Koordinaten: Um die Verteilung und Bewegung der Sterne zu beschreiben, benutzt man mit Vorteil das galaktische Koordinatensystem. Seine Grundebene und damit auch seine Pole werden durch eine Mittelebene des Milchstraßenbandes am Sternenhimmel festgelegt. Die genaue Festlegung der Grundebene und der Pole in bezug auf das äquatoriale Koordinatensystem erfolgt durch stellarstatistische und radioastronomische Untersuchungen. Die beiden Koordinaten werden galaktische Länge l und galaktische Breite b genannt. Bis 1959 wurde die galaktische Länge von einem Schnittpunkt des Himmelsäquators mit der galaktischen Ebene gezählt. Heute zählt man von der Richtung zum galaktischen Zentrum aus.

Galaxis: Galaxis war zunächst die Bezeichnung für unser Milchstraßensystem, für das Sternsystem also, dem unsere Sonne angehört. Die Bezeichnung wird heute auch für andere Sternsysteme gebraucht. Die Mehrzahl lautet Galaxien. Im deutschen Sprachgebrauch gibt es keine einheitliche Bezeichnung für die verschiedenartigen Sternsysteme. Es gibt Spiralsysteme, elliptische Systeme und irreguläre Systeme mit allen möglichen Übergängen und Sonderformen. Das oft gebrauchte Wort ,,Spiralnebel" sollte man vermeiden.

interstellar: Das Wort dient zur Bezeichnung all dessen, was sich zwischen den Sternen befindet: der interstellare Raum, die interstellare Materie, interstellare Magnetfelder usw.

Jahr: Das Jahr ist die Zeit für einen Umlauf der Erde um die Sonne. Diese Definition muß präzisiert werden. Es muß angegeben werden, welcher Punkt der Bahn als Bezugspunkt dient. Man kennt

1. das *tropische Jahr*: Die Erde wandert vom Frühlingspunkt zum Frühlingspunkt: 365 d 5 h 48 min 46 s,

2. das *siderische Jahr*: Umlauf der Erde von einem Fixstern zum gleichen Fixstern: 365 d 6 h 9 min 10 s,

3. das *anomalistische Jahr*: Bewegung der Erde vom Perihel zum Perihel: 365 d 6 h 13 min 53 s,

4. das *Gregorianische Jahr,* seit der Kalenderreform 1582:

$$365 \text{ d } 5 \text{ h } 49 \text{ min } 12 \text{ s} = 365 \text{ d} + \left(\frac{1}{4}\right) \text{d} - \left(\frac{3}{400}\right) \text{d} \quad (\text{Schalttage!}).$$

Das gregorianische Jahr hängt aufs engste mit dem tropischen Jahr zusammen.

5. das *Julianische Jahr* (nach Julius Caesar, 46 v. Chr.): $365 \text{ d } 6 \text{ h} = 365 \text{ d} + \left(\frac{1}{4}\right) \text{d}$

Kometenbezeichnung: Ein Komet bekommt meist den Namen seines Entdeckers oder seiner Entdecker, früher auch gelegentlich den Namen des Bahnberechners (z. B. Komet Encke). Abgesehen von diesem Namen wählt man zunächst eine vorläufige Bezeichnung nach der Reihenfolge der Entdeckungen in einem Jahr: 1975a, 1975b, usw. Wenn die Bahn berechnet ist, ordnet man die Reihenfolge nach der Zeit des Periheldurchgangs: 1975 I, 1975 II usw. Dabei kann es zu Verschiebungen gegenüber der ersten Bezeichnung kommen. So gibt es für den Halleyschen Kometen die Bezeichnungen 1909c und 1910 II.

Korona: Die Korona, der Kranz um die Sonne, besteht aus hochverdünntem Gas hauptsächlich aus Elektronen und Protonen. Der Druck in der inneren Korona über der Chromosphäre beträgt nur etwa 10^{-11} bar. Die Temperatur wurde durch verschiedene Verfahren zu einer bis zu mehreren Millionen Kelvin bestimmt. Die Aufheizung erfolgt im wesentlichen durch Schallwellen, die nach Durchlaufen der Photosphäre und der Chromosphäre in Schockwellen übergehen. Man unterscheidet drei Teile der Korona.

1. K-Korona: K von Kontinuum. Das Licht der Sonne wird an schnell bewegten Elektronen (etwa 8 000 km s^{-1}) gestreut. Durch den Dopplereffekt werden die Fraunhoferlinien so „verschmiert", daß sie im Spektrum nicht mehr zu erkennen sind.

2. F-Korona: F von Fraunhofer. Das Licht der Sonne wird an Teilchen des interplanetaren Staubes reflektiert. Eine Verschmierung der Fraunhoferlinien findet wegen der geringen Geschwindigkeit der reflektierenden Teilchen nicht statt. Man beobachtet das normale Sonnenspektrum.

3. L-Korona: L von Linienemission. Es handelt sich um Emissionslinien in der Eigenstrahlung der Korona. Die Linien stammen größten Teils von hochionisierten Atomen, so die grüne Koronalinie mit $\lambda = 530{,}3$ nm vom 13-fach ionisiertem Eisen. Als diese Linien noch nicht identifiziert waren, schrieb man sie eine Zeitlang einem noch unbekannten Element „Coronium" zu.

Lunation: Zeit von einer Mondphase bis zur nächsten gleichen Phase, etwa von Vollmond bis zum nächsten Vollmond. Gemeint ist nicht nur die Zeit, sondern auch der Ablauf aller Mondphasen.

Monat: Man muß verschiedene Monate unterscheiden.

1. der *synodische Monat*: Zeit zwischen zwei aufeinanderfolgenden gleichen Mondphasen, etwa Vollmond bis Vollmond;

2. der *siderische Monat*: Zeit, die der Mond braucht, um bei seiner Bewegung am Fixsternhimmel von einem Fixstern ausgehend zu dem gleichen Fixstern zurückzukehren. Er hat dann einen vollen Kreis um die Erde beschrieben;

3. der *tropische Monat*: Zeit zwischen zwei aufeinanderfolgenden Durchgängen des Mondes durch den Stundenkreis des Frühlingspunkts. Da der Frühlingspunkt sich dem Monde entgegen bewegt, ist der tropische Monat kürzer als der siderische Monat (Abschnitt 1.2.1).

Neutronenstern: Ein Neutronenstern ist ein mögliches Endstadium in der Sternentwicklung. Gelingt es einem Stern nicht, genügend Masse abzustoßen, dann erreicht er nach Beendigung der Kernreaktionen durch Kontraktion eine Dichte, die die von weißen Zwergen (siehe Tab. 1.18 und Abschnitt 5.2.4) immer mehr übertrifft. Wird $\rho > 10^9$ g cm^{-3}, dann besitzen die Elektronen eine so große Energie – Fermi-Energie, Pauliprinzip –, daß die nun häufige Reaktion $p^+ + e^- \rightarrow n + \nu$ zu Kernen mit einem großen Überschuß an Neutronen führt. Diese Kerne stoßen mehr und mehr Neutronen ab. Bei weiter wachsender Dichte bildet sich ein entartetes Neutronengas, das zum Gleichgewichtszustand führen kann. Neutronensterne werden als Überreste von $\rightarrow$ Supernova-Explosionen angesehen.

Nova, Novae: Es handelt sich nicht um neue Sterne, sondern um den plötzlichen Helligkeitsanstieg alter Sterne, d. h. von Sternen am Ende ihrer Entwicklung. Die Energieausstrahlung steigt in kurzer Zeit – in Stunden bis Monaten – auf das 10^3- bis 10^6-fache. Die hierbei ausgeworfene Masse liegt zwischen 10^{-5} bis 10^{-3} Sonnenmassen. Die Expansionsgeschwindigkeit übersteigt meist 50 km s^{-1} und kann 3 500 km s^{-1} erreichen. Die Energieabgabe während eines Ausbruchs entspricht der Energie, die die Sonne in einigen 1 000 Jahren ausstrahlt. Die Ursache eines Nova-Ausbruches ist noch nicht endgültig geklärt.

Parsec, Abkürzung pc: Ein Parsec ist die im Bereich der Fixsterne benutzte Einheit der Entfernung. Aus dem Abstand 1 pc erscheint die halbe große Achse der Erdbahn unter dem Winkel $1''$ (Definition). Es gilt

$$1 \text{ pc} = 206\,264{,}8 \text{ AE} = 3{,}085\,6 \cdot 10^{13} \text{ km.}$$

$$1 \text{ kpc} = 10^3 \text{ pc}, \quad 1 \text{ Mpc} = 10^6 \text{ pc.}$$

Früher benutzte man auch als Einheit ein Lichtjahr: $1 \text{ pc} = 3{,}2615 \text{ LJ.}$

Perihel, Perigäum, Periastron: Siehe Apsiden

Protostern: Unter einem Protostern versteht man eine genügend verdichtete Wolke aus interstellarer Materie — Gas und Staub —, aus der sich durch Kontraktion ein *einzelner* Stern bildet. Ein Protostern ist noch nicht im hydrostatischen Gleichgewicht.

Protosonne: Protosonne ist die zentrale Verdichtung der Gas- und Staubwolke, aus der sich das Sonnensystem gebildet hat.

Quasare: Quasare (Quasi stellar radio sources) gehören zu den Quasistellaren Objekten. Die eigentlichen Quasare sind starke Radioquellen, die optisch im allgemeinen sternförmig erscheinen. Ihre Spektren zeigen ein nicht-thermisches Kontinuum mit eingebetteten kräftigen und breiten Emissionslinien.

Einige Jahre nach Entdeckung der Quasare wurden sternförmige Objekte gefunden, die im optischen Bereich die gleichen Eigenschaften aufweisen, die aber keine Radiostrahlung aussenden. Man spricht heute allgemein von „Quasistellaren Objekten" (QSO). 1963 waren 9, 1971 schon einige hundert bekannt.

Die Rotverschiebung in den Spektren der QSOs ist z. T. außerordentlich groß. Man hat schon Werte über 3 und 4 gemessen. Bei $z = \dfrac{\Delta\lambda}{\lambda_0} = 3$ liegt die Lyman-Alpha-Linie mit $\lambda_0 = 121{,}5$ nm bei $\lambda = 486$ nm, also im Sichtbaren! Noch stehen zwei Deutungen dieser Erscheinungen nebeneinander.

1. Die kosmologische Deutung nimmt sehr große Entfernungen bis zu Milliarden oder einigen Milliarden pc an und damit eine enorme Leuchtkraft, die die Leuchtkraft eines großen Sternsystems um das Vielfache übertrifft.[1]

2. Die lokale Deutung nimmt an, daß es sich um relativ nahe Objekte handelt, die bei Explosionen aus dem Kern unserer Galaxis oder aus benachbarten Sternsystemen herausgeschleudert worden sind.

rechtläufig, rückläufig (retrograd): Man muß zwischen der wahren Bewegung der Körper im Sonnensystem und ihrer scheinbaren Bewegung an der Sphäre unterscheiden.

Im ersten Fall spricht man von rechtläufig, wenn die Bewegung von einem Punkt nördlich der Ekliptik aus gesehen entgegen dem Uhrzeigersinn erfolgt. Die Bewegung im Uhrzeigersinn nennt man rückläufig oder retrograd. Die scheinbare Bewegung eines Mitglieds des Sonnensystems an der Sphäre zwischen den Fixsternen nennt man rechtläufig, wenn sie von West nach Ost erfolgt. Im anderen Fall heißt sie rückläufig. Die Schleifen der Planetenbahnen kommen z.B. durch den Wechsel von recht läufigen und rückläufigen Bewegungen zustande.

Sonnenwind: Von der Sonne geht dauernd und nach allen Seiten ein Teilchenstrom aus. Es handelt sich vor allem um Elektronen und Protonen. Die Geschwindigkeit der Partikel beträgt einige 100 km s^{-1}. Eine typische Geschwindigkeit ist 400 km s^{-1}. Neben dem ständigen Wind kommen immer wieder Boen vor. Wolken oder gerichtete Ströme von Teilchen können die Sonne verlassen und gelegentlich die Erde treffen. Die Folge sind Polarlichter, Funkstörungen usw. Der mittlere Teilchenfluß in Erdnähe beträgt etwa 10^8 Teilchen je cm^2 und Sekunde. Die Sonne verliert durch den

---

[1] Dieser Erklärung wird heute der Vorzug gegeben.

Sonnenwind schätzungsweise $12 \cdot 10^6$ Tonnen je Sekunde. Als Ursache des Sonnen-
winds wird eine durch Aufheizung bewirkte Expansion der → Sonnen*korona* angesehen.

Sterne, Bezeichnung von Sternen: Viele der mit bloßem Auge sichtbaren Sterne werden
mit griechischen Buchstaben und dem Namen des Sternbilds, in dem sie stehen, be-
zeichnet. Die helleren Sterne besitzen Eigennamen, sehr oft arabischen Ursprungs.
Beispiele: Polarstern = α Ursae Minoris (α UMi), Sirius = α Canis Majoris (α CMa),
Wega = α Lyrae (α Lyr), Arcturus = α Bootis (α Boo), Castor und Pollux = α und
β Gemini (α und β Gem). Für schwächere Sterne in einem Sternbild benutzt man
kleine lateinische Buchstaben oder Zahlen zusammen mit dem Namen des Sternbildes.
Sterne, die mit bloßem Auge nicht sichtbar sind, sind durch Nummern in einem
Sternkatalog oder nur durch ihre Koordinaten bezeichnet. Bekannte Kataloge sind
die Bonner Durchmusterung (BD) und der Henry Draper Katalog (HD). In diesen
sind natürlich auch die helleren Sterne enthalten. Ein Beispiel für die verschiedenen
Möglichkeiten der Bezeichnung:

Beteigeuze = α Orionis (α Ori) = BD + $7°1055$ = HD 39 801

Sternhaufen: Es handelt sich um eine Gruppe von Sternen, die sich in gleicher Richtung
bewegen. Alle Mitglieder haben einen gemeinsamen Ursprung, sind also gleich alt
und besitzen die gleiche chemische Zusammensetzung.

Offene Sternhaufen bestehen aus einigen 10 bis einigen 100 Sternen. Die meisten
dieser Sternhaufen sind relativ jung und zeigen eine starke Konzentration zur galaktischen Ebene. Beispiel: Plejaden = Siebengestirn.

Kugelsternhaufen sind kugelförmige Gebilde mit hunderttausenden oder auch einigen
Millionen Mitgliedern. In ihren zentralen Bereichen stehen die Sterne so dicht, daß
eine Auflösung in einzelne Sterne nicht möglich ist. Die Kugelsternhaufen sind in
einem fast kugelförmigen Raum um das galaktische Zentrum verteilt. Sie gehören zu
den ältesten Gebilden im Weltall.

Bewegungssternhaufen treten meist nicht als dichtere Ansammlung von Sternen am
Himmel in Erscheinung. Die zugehörigen Sterne können über den ganzen Himmel
verteilt sein. Das einzige Kriterium für die Mitgliedschaft ist die Übereinstimmung
der Bewegung nach Größe und Richtung. Unsere Sonne steht mitten in dem Ursa-
Major-Haufen, ohne ihm anzugehören.

Assoziationen: Hier handelt es sich um eine örtliche Ansammlung von Sternen des
gleichen Typs. Zwischen den Sternen, die zur Assoziation gehören, existieren andere
Sterne, nicht nur scheinbar an der Sphäre, sondern im gleichen Raumbereich. Man
kennt O-Assoziationen (bestehend aus Sternen vom Spektraltyp O bis B_2) und T-
Assoziationen (bestehend aus T-Tauri-Sternen – nach dem Prototyp T-Tauri). Die
Mitgliederzahlen der bekannten Assoziationen liegen zwischen 15 und 1 000.

Supernova, Supernovae: Bei einer Supernovaerscheinung wächst die Helligkeit eines Sterns
in wenigen Wochen außerordentlich stark an. Sie kann auf mehr als das 100 Millionen
fache des anfänglichen Wertes steigen. Die gesamte Energie, die bei einem Supernova-
ausbruch frei wird, ist mit derjenigen vergleichbar, die unsere Sonne in

10 ... 100 Millionen Jahren abstrahlt. 10 % und mehr, in einigen Fällen vielleicht sogar 100 % der Masse des explodierenden Sterns werden mit Geschwindigkeiten von einigen 1 000 km s^{-1} ausgeschleudert. Der bekannteste Überrest einer Supernovae ist der Krebsnebel im Stier mit einem eingebetteten, schnell rotierenden Neutronenstern, einem Pulsar. Beobachtet wurde diese Supernova im Jahre 1054.

Tag: *Ein Sonnentag* ist die Zeit zwischen zwei aufeinander folgenden unteren Kulminationen der Sonne, genauer des Sonnenmittelpunktes. Dauer: 86 400 s.

Ein Sterntag ist die Zeit von einem Durchgang des Frühlingspunkts durch den Meridian – obere Kulmination – bis zum nächsten. Dauer: 86 164 s.

A.2 Die wichtigsten Gesetzmäßigkeiten und Besonderheiten des Planetensystems
Die wichtigsten Zustandsgrößen der Sterne

In den Tabellen werden nur die wichtigsten Größen angegeben. Größen, die sich aus den aufgeführten Werten berechnen lassen, wie mittlere Dichte, Schwerebeschleunigung, Entweichgeschwindigkeit sind in der Zusammenstellung nicht enthalten. Sie sind an geeigneter Stelle in diesem Buch behandelt.

A.2.1 Sonne:

1. Die Sonne vereinigt in sich den größten Teil der Masse des gesamten Planetensystems. Planeten, Monde und Planetoiden besitzen zusammen nur etwa $\frac{1}{743}$ der Sonnenmasse. Die Sonne enthält also etwas mehr als 99,86 % der gesamten Masse.
2. Die Sonne rotiert im gleichen Sinn, in dem die Planeten sich um sie bewegen.
3. Der Sonnenäquator ist um 7° 15′ gegen die Ekliptik geneigt.
4. Der Drehimpuls der Sonne beträgt $1{,}7 \cdot 10^{41}$ kg m^2 s^{-1}.
   Der Bahndrehimpuls des Jupiter allein beträgt $1{,}94 \cdot 10^{43}$ kg m^2 s^{-1}, der aller Planeten zusammen $3{,}15 \cdot 10^{43}$ kg m^2 s^{-1}.

Tabelle A.1: Sonne

Mittlerer Abstand von der Erde	$1{,}496 \cdot 10^{11}$ m – 1 AE
Halbmesser	$6{,}96 \cdot 10^{8}$ m
Masse	$1{,}989 \cdot 10^{30}$ kg
Mittlere Dichte	$1{,}409$ g cm^{-3}
Solarkonstante	$1{,}37 \cdot 10^{3}$ W m^{-2}
Leuchtkraft	$3{,}85 \cdot 10^{26}$ W
Siderische Rotationsdauer in 16° heliographischer Breite	25,380 d
Drehimpuls	$1{,}63 \cdot 10^{41}$ kg m^2 s^{-1}
Rotationsenergie	$2{,}4 \cdot 10^{35}$ J

A.2.2 Planeten

1. Die Planeten beschreiben fast kreisförmige Bahnen.

2. Von Merkur und Pluto abgesehen haben alle Bahnen nur eine geringe Neigung gegeneinander oder gegen die Ekliptik.

3. Der Umlauf aller Planeten um die Sonne erfolgt von Norden aus gesehen entgegen dem Uhrzeigersinn (rechtläufig).

4. Bei 6 der 9 Planeten erfolgt die Rotation im gleichen Sinn wie der Umlauf um die Sonne. Die Ausnahmen sind Venus und Uranus. Der Rotationssinn von Pluto ist noch unbekannt.

5. Die Rotationsachsen stehen nicht senkrecht auf der Umlaufebene.

6. Die Planetoiden besitzen z. T. größere Exzentrizitäten und Neigungen gegen die Ekliptik als die Planeten.

Man muß wenigstens zwei Gruppen von Planeten unterscheiden.

a) die Erde und die erdähnlichen Planeten Merkur, Venus und Mars: Ihre Durchmesser liegen alle in der gleichen Größenordnung. Ihre mittleren Dichten liegen etwa zwischen 4 und 5,5 $g\,cm^{-3}$. Sie besitzen wenige oder gar keine Monde. Ihre Atmosphären bestehen — sofern vorhanden — aus schweren Gasen (CO_2, N_2, O_2).

b) Jupiter und die jupiterähnlichen Planeten Saturn, Uranus und Neptun: Ihre Durchmesser sind um eine Zehnerpotenz größer als die der erdähnlichen Planeten. Ihre mittleren Dichten sind gering. Sie liegen zwischen 0,7 und 1,7 $g\,cm^{-3}$. Alle besitzen mehrere Monde (bis zu 21 oder sogar 23) und Ringe, bzw. Ringsysteme (bei Neptun noch unsicher).

Tabelle A.2: Planeten

Planet	Halbe große Achse der Bahn in astronom. Einheiten, AE	Siderische Umlaufszeit	
		in Tagen	in trop. Jahren
Merkur	0,387 1	87,969	0,240 9
Venus	0,723 3	224,701	0,615 2
Erde	1,000 0	365,256	1,000 04
Mars	1,523 7	686,980	1,880 9
Jupiter	5,204 8	4 332,588	11,862 2
Saturn	9,575 6	10 759,21	29,457 7
Uranus	19,280 9	30 685,4	84,013 8
Neptun	30,141 8	60 189	164,792
Pluto	39,880 1	90 465	247,685

Planet	Exzentrizität	Neigung gegen die Ekliptik	Durchmesser in km äquatorial poluar		Masse in 10^{24} kg	Sider. Rotationszeit
Merkur	0,205 6	7° 0′ 16″	4 878		0,330 2	58,646 d
Venus	0,006 8	3° 23′ 40″	12 104		4,869	243 d
Erde	0,016 7	–	12 756	12 714	5,974	23 h 56 min 4 s
Mars	0,093 4	1° 50′ 59″	6 794	6 755	0,641 9	24 h 37 min 23 s
Jupiter	0,048 5	1° 18′ 18″	142 800	133 800	1 898,8	9 h 50 min 30 s
Saturn	0,055 6	2° 29′ 16″	120 000	106 900	568,4	10 h 14 min
Uranus	0,047 2	0° 46′ 19″	50 800	49 300	86,98	17 h 15 min
Neptun	0,008 6	1° 46′ 17″	48 600	47 400	102,8	(18 h 24/15 h 48 min)
Pluto	0,250	17° 09′ 01″	(2 200)		(0,015)	6,39 d

Detaillierte Untersuchungen und vor allem Überlegungen zur Chemie und zur Entstehung des Planetensystems führen dazu, Uranus und Neptun gesondert zu betrachten. Uranus soll zu 15 %, Neptun zu 25 % aus H und He bestehen. Beide Planeten sollen erhebliche Mengen an H_2O, NH_3 und CH_4 enthalten, zu einem großen Teil in Form von Eis. Demgegenüber bestehen Jupiter und Saturn im wesentlichen aus solarer Materie.

A.2.3 Monde:

1. Von den 58 heute (1987) bekannten Monden[1]) bewegen sich 43, von Abweichungen unter 2° abgesehen, in der Äquatorebene ihres Planeten. Bei weiteren 8 liegt die Abweichung unter 29°, bei 7 wird auch dieser Wert überschritten. Vier Jupitermonde, der Saturnmond Phoebe und der Neptunmond Triton bewegen sich nicht in der gleichen Richtung, in der der Planet rotiert.

2. Der Bahndrehimpuls der Monde ist, außer beim Erdmond, kleiner als der Eigendrehimpuls des Planeten. Der Drehimpuls der Erde ist $5,86 \cdot 10^{33}$ kg m^2 s^{-1}, der Bahndrehimpuls des Mondes $2,88 \cdot 10^{34}$ kg m^2 s^{-1}.

Tabelle A.3: Monde (in Auswahl)

Mond	Mittlerer Abstand vom Mittelpunkt des Planeten in 10^3 km	Siderische Umlaufs- zeit in Tagen	Durchmesser in km	Masse in kg
Erdmond	384,4	27,321 7	3 476	$7,35 \cdot 10^{22}$
Mars (2)				
Phobos	9,37	0,318 9	27 × 22 × 19	$9,6 \cdot 10^{15}$
Deimos	23,52	1,262 4	15 × 12 × 11	$2 \cdot 10^{15}$
Jupiter (16)				
Jo	421,6	1,769	3 630	$8,92 \cdot 10^{22}$
Europa	670,9	3,551	3 140	$4,86 \cdot 10^{22}$
Ganymed	1 070	7,155	5 260	$14,89 \cdot 10^{22}$
Callisto	1 880	16,689	4 800	$10,63 \cdot 10^{22}$
Saturn (21 ... 23)				
Mimas	186	0,942	392	$4,6 \cdot 10^{19}$
Titan	1 222	15,945	5 150	$13,6 \cdot 10^{22}$
Uranus (15)				
Titania	436	8,706	1 600	$5,9 \cdot 10^{21}$
Neptun (2)				
Triton	354	5,877	(3 800)	$(13,4 \cdot 10^{22})$
Pluto (1)				
Charon	19,7	6,387	(1 200)	$(1,6 \cdot 10^{21})$

A.2.4 Kleinplaneten

Die größte Anzahl der Kleinplaneten, Planetoiden oder auch Asteroiden bewegt sich zwischen Mars und Jupiter um die Sonne. Ihre Bahnen sind im Mittel stärker gegen die Ekliptik geneigt als die Bahnen der Planeten. Doch ist eine Konzentration zur Ekliptik zu beobachten.

---

[1]) Mit zwei noch nicht ganz gesicherten Saturnmonden steigt diese Zahl auf 60. Die Anzahl der bekannten Neptunmonde wird sich 1989 beim Vorbeiflug von Voyager 2 sicher erhöhen.

Die Exzentrizitäten liegen im Mittel bei e = 0,15, sind zum Teil aber erheblich größer als die der Planetenbahnen. Hidalgo (e = 0,65) erreicht bei seinem Umlauf um die Sonne fast die Saturnbahn. Ikarus (e = 0,83) kommt der Sonne näher als Merkur. Bis heute sind die Bahnen von rund 3 500 Planetoiden berechnet. Die Gesamtzahl wird auf über 70 000 geschätzt. Als gesamte Masse nimmt man $3 \cdot 10^{21}$ kg an, das ist ein halbes Promille der Erdmasse.

Der erste Kleinplanet, Ceres, wurde in der Neujahrsnacht von 1801 von *Piazzi* entdeckt. Durch ihn (und weitere) wurde die seit Aufstellung der Titius-Bodeschen Reihe bekannte Lücke zwischen Mars und Jupiter geschlossen. Nur von wenigen sind Radius und Masse bekannt. Einige Werte finden sich in Tabelle A.4.

Tabelle A.4: Kleinplaneten

Name	Durchmesser km	Masse kg	Umlaufszeit in Jahren	Halbe große Achse in AE	Exzentrizität	Neigung
Ceres	1 017	$11,7 \cdot 10^{20}$	4,60	2,767	0,079	10,6°
Pallas	585	$2,1 \cdot 10^{20}$	4,61	2,772	0,235	34,8°
Juno	247	$0,1 \cdot 10^{20}$	4,36	2,668	0,256	13,0°
Vesta	531	$2,7 \cdot 10^{20}$	3,63	2,361	0,088	7,1°
Hebe	196	$0,2 \cdot 10^{20}$	3,78	2,426	0,203	14,8°
Hygiea	450	$0,6 \cdot 10^{20}$	5,59	3,151	0,099	3,8°
Eros	20 × 8	$1 \cdot 10^{16}$	1,76	1,458	0,223	10,8°
Icarus	1,4	$5 \cdot 10^{12}$	1,12	1,078	0,827	23,0°
Hidalgo	–	–	14,21	5,79	0,656	42,4°
Adonis	0,3	$5 \cdot 10^{10}$	2,76	1,969	0,779	1,5°

Die Massen sind nicht sehr sicher bekannt.

A.2.5 Kometen

Wenn man über die Entstehung des Planetensystems nachdenkt, darf man die Kometen nicht vergessen. Sie bestehen zu einem wesentlichen Teil aus der Urmaterie des So-Systems und können tiefen Einblick in den Zustand während der Bildung des Planetensystems geben. *Fred L. Whipple* hat sie als schmutzige Schneebälle bezeichnet. Ihr Kern von wenigen Kilometern Durchmesser besteht aus gefrorenen Gasen mit eingebetteten Staubteilchen und Körnern meist flockiger Struktur sowie Teilchen aus Nickeleisen. In So-Nähe bildet sich durch Verdampfen der Kopf des Kometen, der einen Durchmesser von 10^4 bis 10^5 km besitzt. Der Schweif entsteht dadurch, daß die im Kopf enthaltenen geladenen Gasteilchen durch den Sonnenwind, die freigesetzten Staubteilchen durch den Strahlungsdruck von der Sonne fortgetrieben werden. Man unterscheidet (gerade) Ionen- und (leicht gekrümmte) Staubschweife. Typische Schweiflängen sind 10^6 bis 10^8 km.

Mit Hilfe von Satelliten wurde erstmals 1969 beobachtet, daß der Kopf eines Kometen in So-Nähe von einer viele Millionen km ausgedehnten Hülle aus atomarem Wasserstoff umgeben ist. Die gleiche Beobachtung wurde von dem die Erde umkreisenden Laboratorium Skylab aus an dem Kometen Kohoutek 1973 gemacht. Dadurch wird die Überzeugung gefestigt, daß die Kometen im wesentlichen aus Solarmaterie bestehen.

Das Spektrum des Kometenkopfes zeigt die Anwesenheit von CH, NH, OH, CN, C_2, NH_2, C_3, OH^+, CH^+ und neben Na gelegentlich auch Fe, Ni, Cr, Co, K, CaII.

Im Schweif sind vornehmlich N_2^+, CO^+, OH^+, CH^+, CO_2^+ und CN vorhanden. Genauere Einzelheiten über den Hallyeschen Kometen konnte man im März 1987 durch Messungen mit Hilfe von Raumsonden gewinnen, die bis zu 600 km (Giotto) an dem Kern vorbeiflogen. Beteiligt waren zwei sowjetische Sonden (Vega 1 und 2), zwei japanische, eine europäische (Giotto) und eine Sonde der NASA, deren Beobachtungen allerdings in erster Linie dem Kometen Giacobini-Zinner am 11.09.1985 galten.

Der Kern von „Halley" (Maße: 15 km × 8 km × 8 km) besteht zu 80 % bis 90 % aus Staub und Wassereis bei einer Dichte von nur 0,2 bis 0,5 g cm^{-3}. Die Masse beträgt etwa 10^{14} kg, seine Albedo ist mit 0,02 ... 0,04 äußerst gering.

Nach Jan Oort gibt es eine ausgedehnte Wolke aus 10^{11} bis 10^{12} Kometen, die weit jenseits des äußersten Planeten bei 50 000 AE beginnt, bei 67 000 AE ihr Dichtemaximum besitzt und sich bis weit über 100 000 AE hinaus erstreckt.

Über den Entstehungsort der Kometen gehen die Meinungen auseinander. Oort nimmt an, daß sie in Jupiterentfernung gebildet und infolge von Störungen durch Jupiter hinausgetrieben wurden.

Cameron dagegen nimmt an, daß sie dort entstanden, wo sie sich heute befinden. Benachbarte Sterne können die Bahn eines Kometen in der Oortschen Wolke gelegentlich so stören, daß er auf einer langgestreckten Bahn in den zentralen Bereich des So-Systems gelangt und, wenn er der Erde nahe genug kommt, beobachtet werden kann. Störungen — im wesentlichen durch die großen Planeten — können die Bahn eines aus großer Entfernung kommenden Kometen so ändern, daß er in relativ kurzer Zeit von einigen Jahren bis zu einigen 100 Jahren die Sonne umläuft. 55 Kometen mit Umlaufzeiten unter 200 Jahren hat man mehr als einmal beobachtet. In Tabelle A.5 sind interessante Bahnelemente einiger dieser Kometen aufgeführt.

Tabelle A.5: Kometen

Name	Umlaufszeit in Jahren	Periheldistanz in AE	Apheldistanz in AE	Numerische Exzentrizität	Neigung der Bahnebene
Encke	3,30	0,339	4,09	0,847	11,9°
Grigg-[1]) Skjellerup	5,1	0,99	4,93	0,665	21,1°
Giocobini-Zinner	6,52	0,996	5,99	0,715	31,7°
Biela[2])	6,62	0,861	6,19	0,756	12,55°
Schwassmann-Wachmann 1	15,03	5,548	6,73	0,105	9,7°
Olbers	69,57	1,179	32,65	0,930	44,61°
Halley	76,03	0,587	35,31	0,967	162,2°

---

[1]) Dieser Komet ist am 14.07.1992 das zweite Beobachtungsziel der Giotto-Sonde.

[2]) Dieser Komet zerbrach 1845 in zwei Teile, die 1852 zum letzten Mal beobachtet worden sind.

A.2.6 Die Zustandsgrößen der Sterne

Sterne sind riesige glühende Gaskugeln. Zu ihrer Beschreibung dienen die Zustandsgrößen. Dazu gehören: Masse, Radius, mittlere Dichte, Schwerebeschleunigung, Oberflächentemperatur, Leuchtkraft (Energieabgabe je Sekunde), Spektraltyp, Farbe, chemische Zusammensetzung, Rotation, Magnetfeld.

Zur Beschreibung von Veränderlichen oder Doppelsternen gehören weitere Angaben. Zwischen den Zustandsgrößen bestehen vielfache Beziehungen. Im folgenden ist der Spielraum der wichtigsten Zustandsgrößen angegeben. Die Endstadien, d.h. die weißen Zwerge, Neutronensterne oder schwarzen Löcher sind hier nicht berücksichtigt, ebensowenig wie Sonderfälle, obwohl gerade diese oft besonders interessant sind. Die Grenzen sind nicht scharf, doch kann die Übersicht zur Orientierung dienen.

Einige Zustandsgrößen werden zweckmäßig in Vielfachen der entsprechenden Größe der Sonne angegeben.

Tabelle A.6: Sterne

Masse	$0{,}06 \dots 120 \; m_\odot$
Für die meisten Sterne gilt:	$0{,}5 \; m_\odot < m < 10 \; m_\odot$
Halbmesser	$0{,}1 \dots 1\,000 \; R_\odot$
Mittlere Dichte	$10^{-7} \dots 3 \; \mathrm{g \; cm^{-3}}$
Schwerebeschleunigung	$6 \cdot 10^{-5} \dots 2 \; g_\odot$; $\quad g_\odot = 274 \; \mathrm{m \; s^{-2}}$
Leuchtkraft	$1{,}2 \cdot 10^{-3} \dots 1{,}4 \cdot 10^6 \; L_\odot$
Oberflächentemperatur	$2\,500 \dots 50\,000 \; \mathrm{K}$
Rotationsgeschwindigkeit eines Punktes auf dem Äquator	$2 \dots 300 \; \mathrm{km \; s^{-1}}$
(größter gemessener Wert $560 \; \mathrm{km \; s^{-1}}$)	

A.3 Lösungen der Aufgaben

1.2.2

1. 175,98 d, das sind 2 Merkurjahre
2. 117 d
3. Phobos: alle 11 h 6 min 22 s von West nach Ost,
   Deimos: alle 5 d 11 h 26 min 55 s von Ost nach West
4. Von Phobos aus erscheint der Äquatordurchmesser unter 42,6°, der Poldurchmesser unter 41,8°. Die entsprechenden Werte für Deimos sind 16,6° und 16,4°. Zum Vergleich: Die Erde erscheint vom Mond aus bei mittlerem Abstand unter 1,9°.
5. 1° 43′ 11″ bzw. 1° 8′ 4″. Zum Vergleich die Werte für die Erdbahn: 32′ 35,64″ bzw. 31′ 31,34″.
6. $8{,}228 \cdot 10^5$ km $\hat{=} 1{,}18$ Sonnenhalbmesser, Apheldistanz: 122,2 AE $\hat{=} 1{,}83 \cdot 10^{10}$ km, Umlaufzeit: 477,6 a.

1.2.4

1. $\Delta T = \pm 1 \; s$; $\quad \Delta m_\odot \approx \mp 1{,}26 \cdot 10^{23}$ kg $\approx 1{,}72$ Mondmassen;
   $\Delta T = \pm 1$ Tag; $\quad \Delta m_\odot \approx \mp 1{,}09 \cdot 10^{28}$ kg $\approx 1\,822$ Erdmassen.

2. Alle Umlaufszeiten würden sich um den Faktor $\sqrt{\dfrac{m_\odot}{m_{Si}}} \approx 0,67$ ändern.

3. Wenn a der mittlere Abstand ist und v die mittlere Geschwindigkeit, gilt
$a \cdot v^2 = \text{const.} = G \cdot m_\odot = 1,33 \cdot 10^{20} \text{ m}^3 \text{ s}^{-2}$.

4. $g = G \dfrac{m}{r^2}$;

Sonne: 274 m s^{-2};   Merkur: 3,74 m s^{-2};   Venus: 8,86 m s^{-2};
Mars: 3,72 m s^{-2};   Jupiter: 24,57 m s^{-2};   Saturn: 10,42 m s^{-2};
Uranus: 10,44 m s^{-2};   Neptun: 13,81 m s^{-2};   Pluto: 4,30 m s^{-2};
Mond: 1,62 m s^{-2};   weißer Zwerg: $3,27 \cdot 10^6$ m s^{-2};   Neutronenstern: $1,33 \cdot 10^{12}$ m s^{-2}.

Bei stark abgeplatteten Planeten ist der Äquatorradius gewählt worden. Bei Planeten mit undurchsichtigen Wolkenhüllen soll unter der Oberfläche die äußere Wolkenhülle verstanden werden.

5. $v = \sqrt{G \cdot \dfrac{m}{r}}$.

Merkur: 3 017 m s^{-1};   Venus: 7 325 m s^{-1};   Erde: 7 912 m s^{-1};
Mars: 3 555 m s^{-1};   Jupiter: 42 007 m s^{-1};   Saturn: 25 073 m s^{-1};
Uranus: 15 679 m s^{-1};   Neptun: 17 548 m s^{-1};   Pluto: 3 710 m s^{-1};
Mond: 1 680 m s^{-1};   Sonne: $4,367 \cdot 10^5$ m s^{-1};   weißer Zwerg: $4,56 \cdot 10^6$ m s^{-1};
Neutronenstern: $1,15 \cdot 10^8$ m s^{-1}.

1.2.5

$F_P : F_A = 3 : 2$

2.2.1

1. Merkur: 47,9 km s^{-1};   Venus: 35,0 km s^{-1};   Erde: 29,8 km s^{-1};
Mars: 24,1 km s^{-1};   Jupiter: 13,1 km s^{-1};   Saturn: 9,6 km s^{-1};
Uranus: 6,8 km s^{-1};   Neptun: 5,4 km s^{-1};   Pluto: 4,7 km s^{-1}.

2. Sonne: 618 km s^{-1};   Merkur: 4,25 km s^{-1};   Venus: 10,4 km s^{-1};
Erde: 11,2 km s^{-1};   Mars: 5,03 km s^{-1};   Jupiter: 60,2 km s^{-1};
Saturn: 36,3 km s^{-1};   Uranus: 21,5 km s^{-1};   Neptun: 23,9 km s^{-1};
Pluto: 1,35 km s^{-1};   Mond: 2,37 km s^{-1};

3. $T = 20,5 \cdot 10^6$ Jahre. Die Lage des Perihels spielt keine ausschlaggebende Rolle, wenn es innerhalb des Planetensystems liegt. (Lösung mit dem 3. Gesetz von Kepler)

2.2.2

1. 1880 Millionen Jahre.

2. $2 \cdot 10^{15}$ kg s^{-1} = $6,3 \cdot 10^{22}$ kg a^{-1}; Mit der Änderung der Sonnenmasse ändert sich auch die Auftreffgeschwindigkeit der Meteoriten. Für astronomisch kurze Zeiten kann von dieser Veränderlichkeit abgesehen werden; siehe Aufgabe 1, Abschnitt 1.2.4: Der Ansatz ist der gleiche, man folgert jetzt

$$\Delta T = -\frac{\pi}{\sqrt{G}} \sqrt{\frac{r^3}{m_\odot^3}} \cdot \Delta m_\odot \approx -500 \text{ s in } 1\,000 \text{ a}$$

3. $\approx 5\,590$ a bzw. $\approx 23\,680$ a

2.2.3

1. Merkur: $9,16 \cdot 10^{38}$ kg m^2 s^{-1} Venus: $1,84 \cdot 10^{40}$ kg m^2 s^{-1} Erde: $2,66 \cdot 10^{40}$ kg m^2 s^{-1}
   Mars: $0,35 \cdot 10^{40}$ kg m^2 s^{-1} Saturn: $7,82 \cdot 10^{42}$ kg m^2 s^{-1} Uranus: $1,71 \cdot 10^{42}$ m^2 s^{-1}
   Neptun: $2,50 \cdot 10^{42}$ kg m^2 s^{-1} Pluto: $4,21 \cdot 10^{38}$ kg m^2 s^{-1}

2. $6,87 \cdot 10^{38}$ kg m^2 s^{-1}; hierbei sind für r und ω die für den Äquator geltenden Werte benutzt worden.

3. a) $2,89 \cdot 10^{34}$ kg m^2 s^{-1},   b) $1,73 \cdot 10^{36}$ kg m^2 s^{-1}

2.2.4

1. a) a = 0,647 3 AE, b) e = 0,522, c) $v_P = 66,2$ km s^{-1}, d) $v_A = 20,8$ km s^{-1}.

2. Aus $L = m_S vr$ und $\dfrac{m_S v^2}{r} = G \cdot \dfrac{m_S m_E}{r^2}$ folgt $L = (Gm_S^2 m_E r)^{1/2}$.

3. Aus $\dfrac{2}{5} mr^2 \, \omega = 1,7 \cdot 10^{41}$ kg m^2 s^{-1} folgt $T \approx 0,003$ s. Der Neutronenstern im Kerbsnebel hat eine Rotationszeit von 0,033 s.

2.2.5

$\approx 3,5 \cdot 10^{32}$ kg m^2 s^{-1}; $\approx 2,82 \cdot 10^{34}$ kg m^2 s^{-1}; $\approx 2,89 \cdot 10^{34}$ kg m^2 s^{-1}.

3.2.1

1. Die Leistung, die die Erde empfängt ist

$$P_{E\odot} = \pi R_E^2 \cdot S = \pi \, 6,37^2 \cdot 10^{12} \cdot 1,36 \cdot 10^3 \, W = 1,73 \cdot 10^{17} \, W$$

Es gilt

$$\frac{P_{E\odot}}{L_\odot} = \frac{\pi R_E^2 \cdot S}{4 \pi a^2 \cdot S} = \left(\frac{R_E}{2\,a}\right)^2 = 4,53 \cdot 10^{-10}$$

oder

$$L_\odot = 2,2 \cdot 10^9 \, P_{E\odot},$$

d. h., die Sonne strahlt $2,2 \cdot 10^9$ mal so viel Energie in einer bestimmten Zeit ab, wie die Erde in der gleichen Zeit empfängt.

2. 3 250 K

3. 7 626 ... 3 715 K

3.2.2

1. Beachten Sie die ungleichmäßige Verteilung der dunklen Gebiete, der Maria.

2. a) 492 000 : 1;   b) $1,34 \cdot 10^{10}$: 1;   c) $1,29 \cdot 10^{13}$: 1;   d) $2,05 \cdot 10^{20}$: 1

3. $M_v = 4,79$; $M_{pg} = 5,41$

4. Sirius: $M_v = 1,41^m$; Wega: $M_v = 0,65^m$; Spica: $M_v = -3,5^m$; Mizar: $M_v = 0,84^m$.

5. Aus m = M – 5 + 5 lg (r) folgt a) $m_v = 1,92^m$, b) $m_v = 9,28^m$.

   $1,92^m$ ist etwa die scheinbare Helligkeit der hellsten Sterne des großen Bären. Ein Stern mit der scheinbaren Helligkeit $9,28^m$ ist mit bloßem Auge nicht zu sehen. Man braucht einen guten Feldstecher.

3.2.5

1. Da die Leuchtkraft nur von der effektiven Temperatur und dem Radius abhängt $- L = 4\pi R^2 \sigma T^4 -$ müssen Sterne im Riesenast einen größeren Halbmesser besitzen; daher der Name „Riesen". Sterne der Hauptreihe werden gelegentlich auch als „Zwerge" bezeichnet.

2. $\dfrac{L_1}{L_2} = \left(\dfrac{R_1}{R_2}\right)^2 \cdot \left(\dfrac{T_1}{T_2}\right)^4$; $\quad T_1 = T_2$; $\quad$ a) $\dfrac{L_1}{L_2} = 10^2$, $\quad \dfrac{R_1}{R_2} = 10$; $\quad$ b) $\dfrac{L_1}{L_2} = 10^4$; $\quad \dfrac{R_1}{R_2} = 10^2$.

3. $\dfrac{L_*}{L_\odot}$: $> 25\,000$; $25\,000 - 4\,000$; $4\,000 - 630$; $630 - 100$; $100 - 16$; $16 - 2,5$; $2,5 - 0,4$; $0,4 - 0,06$

5. Aus $m - m_1 = -2,5\,\lg\dfrac{L_1 + L_2}{L_1} = -2,5\,\lg\left(1 + \dfrac{L_2}{L_1}\right)$ und

$m_2 - m_1 = \Delta m = -2,5\,\lg\dfrac{L_2}{L_1}$ folgt $m = m_1 - 2,5\,\lg(1 + 10^{-0,4 \cdot \Delta m})$

6. Man erhält für $m - M$ einen Mittelwert von etwa $5,9^m$. Daraus ergibt sich $r \approx 151$ pc.

7. Aus $m - M = 5\,\lg 151 - 5$ und $m + \Delta m - M = 5\,\lg 159 - 5$ folgt $\Delta m = 5\,(\lg 159 - \lg 151) = 0,11$ m.

3.2.6

1. $11,1$ km s^{-1}; $11,0$ km s^{-1}; $10,9$ km s^{-1}

2. 618 km s^{-1}; 12 km s^{-1}, 6 km s^{-1}, $3,2$ km s^{-1}, $3,0$ km s^{-1}

4.1.2

$$\frac{\Delta\lambda}{\lambda_0} = \sqrt{\frac{1+\beta}{1-\beta}} - 1 = (1+\beta)(1-\beta^2)^{-1/2} - 1 = (1+\beta)\left(1 + \frac{1}{2}\beta^2 + \frac{3}{8}\beta^4 \dots\right) - 1$$

$$= \beta + \frac{1}{2}\beta^2 + \frac{1}{2}\beta^3 + \frac{3}{8}\beta^4 + \frac{3}{8}\beta^5 + \dots \approx \beta$$

4.2.1

Aus $\dfrac{3}{2}kT = eU$ folgt $T \approx 144\,500$ K

4.2.5

1. a) $\lambda < 91,2$ nm, b) $\lambda < 50,4$ nm, c) $\lambda < 22,8$ nm

2. Aus $\dfrac{1}{\lambda} = R_y\left(\dfrac{1}{m^2} - \dfrac{1}{n^2}\right)$ folgt mit $R_y = 1,096\,78 \cdot 10^7$ m, $m = 109$ und $n = 110$, $\lambda = 5,98$ cm.

3. $r_n = a_0 \cdot n^2$, wenn $a_0 = 5,293 \cdot 10^{-11}$ m der Bohrsche Radius ist. Es ergibt sich $r_{110} = 6,4 \cdot 10^{-4}$ mm.

4. Aus $\dfrac{1}{2}\overline{mv^2} = \dfrac{3}{2}kT$ folgt $\overline{v} = \sqrt{\dfrac{3\,kT}{m}}$;

Da es sich um eine Abschätzung handelt, kann man ohne Bedenken davon absehen, daß in einem Emissionsnebel Atome bzw. Ionen mit verschiedenen Durchmessern und verschiedenen Massen und daher auch verschiedenen mittleren Geschwindigkeiten vorhanden sind. Es soll mit $m = 1,67 \cdot 10^{-27}$ kg und $d = 10^{-11}$ m gerechnet werden.

a) $\overline{v} = 2,73 \cdot 10^3$ m s^{-1}, $\quad \overline{\tau} = 8,2 \cdot 10^{-7}$ s $\approx 10^{-6}$ s;

b) $\overline{v} = 1,57 \cdot 10^6$ m s^{-1}, $\quad \overline{\tau} = 1,4 \cdot 10^5$ s $\approx 1,7$ d.

4.2.6

1. Die Amplitude ist um so größer, je größer die Entfernung der beobachteten Sterngruppe ist.

3. 1. $v_r = 274\,651$ km s^{-1} 2. $276\,820$ km s^{-1}

4. a) 1. $r = 3\,662$ Mpc $= 11,9 \cdot 10^9$ LJ;   2. $r = 3\,691$ Mpc $= 12,0 \cdot 10^9$ LJ;
   b) 1. $r = 4\,818$ Mpc $= 15,7 \cdot 10^9$ LJ;   2. $r = 4\,856$ Mpc $= 15,8 \cdot 10^9$ LJ;

5. Sonne: H_α:$\Delta\lambda_D = 2,19 \cdot 10^{-2}$ nm;   Na: $\Delta\lambda_D = 4,09 \cdot 10^{-3}$ nm,
   O5-Stern: H_α: $\Delta\lambda_D = 5,99 \cdot 10^{-2}$ nm;   Na: $\Delta\lambda_D = 1,12 \cdot 10^{-2}$ nm.

6. Infolge der großen Zentrifugalkräfte verliert der Stern Materie, die ihn in Form eines breiten Rings umgibt. Aus diesem Ring stammen die Emissionslinien. Sie zeigen nicht die gleiche Verbreiterung wie die in der Sternatmosphäre entstandenen Absorptionslinien, weil die Hülle langsamer rotiert als der Stern – Erhaltung des Drehimpulses!

7. A-Ring: 16,7 km s^{-1}; B-Ring: 20,3 km s^{-1}; Äquator: 10,2 km s^{-1}.

5.2.1

Wenn Turbulenz vorhanden ist, muß die Masse, die zur Instabilität führt, größer als bei fehlender Turbulenz sein. Man kann der turbulenten Bewegung einen Druck zuordnen. Das macht sich in einer Erhöhung der Temperatur in Gl. (5.7) bemerkbar. Setzt man z. B. $T = 10^4$ K statt 10^2 K, so ergibt sich mit den im übrigen ungeänderten Werten des 1. Beispiels $m > 4,2 \cdot 10^7\, m_\odot$.

5.2.2

1. a) $3,66 \cdot 10^{38}$ Protonen/s; b) $4,28 \cdot 10^6$ t/s; c) $6,13 \cdot 10^8$ t/s; d) 0,7 %

2.

	a)	b)	c)
B0 V	$1,91 \cdot 10^{43}$ Protonen/s	$2,23 \cdot 10^{11}$ t/s	$3,19 \cdot 10^{13}$ t/s
A0 V	$1,98 \cdot 10^{40}$ Protonen/s	$2,31 \cdot 10^8$ t/s	$3,31 \cdot 10^{10}$ t/s
K0 V	$1,54 \cdot 10^{38}$ Protonen/s	$1,80 \cdot 10^6$ t/s	$2,58 \cdot 10^8$ t/s
M0 V	$2,82 \cdot 10^{37}$ Protonen/s	$3,30 \cdot 10^5$ t/s	$4,72 \cdot 10^7$ t/s

3. $4,34 \cdot 10^6$ t/s $\cdot 4,5 \cdot 10^9 \cdot 3,156 \cdot 10^7$ s $= 6,16 \cdot 10^{23}$ t; 0,03 % $= 0,3$ ‰

4. $2,17 \cdot 10^7$ t/s $\cdot 10^7 \cdot 3,156 \cdot 10^7$ s $= 6,85 \cdot 10^{25}$ t; 0,19 %

5. $8,74 \cdot 10^9$ a.

6. B0 V-Stern: $2,91 \cdot 10^6$ a; M0 V-Stern: $5,72 \cdot 10^{10}$ a

7. $2 \cdot 10^{30}$ kg $\cdot \dfrac{5}{100} \cdot \dfrac{50}{100} = 5 \cdot 10^{28}$ kg; je Sekunde werden etwa $6 \cdot 10^{11}$ kg Protonen umgewandelt. Der Bruchteil ist $1,2 \cdot 10^{-17}$!

5.2.4

1. a) $4,8 \cdot 10^{14}$ g cm^{-3}; b) $1,4 \cdot 10^{14}$ g cm^{-3}; Werte der gleichen Größenordnung findet man bei den Dichten der Atomkerne

2. $5,9 \cdot 10^{11}$ m s^{-2}

3. $\nu = \sqrt{\dfrac{Gm}{4\,\pi^2\,R^3}}$;   a) $\nu \approx 10^{-1}$ s^{-1};   b) $\nu \approx 1,0 \cdot 10^3$ s^{-1}

5. $\lambda = 434,06$ nm

6. Näherungswert: $\lambda = 481,6$ nm; $\lambda = 484,5$ nm exakter Wert.

7. a) $R_S \approx 1,5 \cdot 10^{-15}$ m, b) $T \approx 1,2 \cdot 10^{11}$ K, c) $t_L \approx 1,25 \cdot 10^{11}$ Jahre, d) $\lambda \approx 1,5 \cdot 10^{-5}$ nm.

Literaturverzeichnis

(Zur Orientierung: e einfach, m mittlerer Schwieigkeitsgrad, a anspruchsvoll, Übergänge e−M, m−a, e−a)

Alfvén, H.	„Kosmologie und Antimaterie"	e	Umschau-Verlag
Becker, F.	„Geschichte der Astronomie"	e	B I
Giese, R. H.	„Einführung in die Astronomie"	e−m	Wissenschaftliche Buchgesellschaft Darmstadt
Gondolatsch/Groschopf/ Zimmermann u.a.	„Astronomie I−IV"	m	Klett
Henkel, H. R.	„Astronomie"	e−m	Harri Deutsch
Herrmann, J.	„Astronomie"	e	Mosaik
Herrmann, J.	„Die Kosmos-Himmelskunde"	e	Kosmos
Hoyle, F.	„Astronomy and Cosmology A Modern Course"	e−m	Freeman
Kaplan, S. A.	„Physik der Sterne"	e−m	Harri Deutsch
Köhler, H. W.	„Der Mars" Bericht über einen Nachbarplaneten	e−m	Vieweg
Köhler, H. W.	„Die Planeten"	e−m	Vieweg
Lindner, K.	„Astronomie selbst erlebt"	e	Aulis Verlag
Meadows, A. J.	„Das Leben der Sterne"	e	Verlag Chemie
Motz/Duveen	„Essentials of Astronomy"	m	Columbia University Press
Payne-Gaposchkin, C.	„Sterne und Sternhaufen"	e−m	Vieweg
Roth, G.	„Handbuch für Sternfreunde"	m	Springer
Sautter, H.	„Astrophysik"	e−m	UTB/Fischer
Schäfer, H.	„Elektromagnetische Strahlung − Informationen aus dem Weltall"	m	Vieweg
Schaifers, K.	„Geschwister der Sonne"	e	Hoffmann u. Campe
Schaifers, K./Traving, G.	„Meyers Handbuch über das Weltall"	e−m	B I
Scheffler, H./Elsässer, H.	„Physik der Sterne und der Sonne"	a	B I
Schlosser/Schmid-Kaler	„Astronomische Musterversuche"	m	Hirschgraben
Sexl, R. u. H.	„Weiße Zwerge − Schwarze Löcher"	m	Vieweg
Struve, O.	„Astronomie"	e−m	de Gruyter
Tayler, R. J.	„Galaxien. Aufbau und Entwicklung"	m−a	Vieweg
Tayler, R. J.	„Sterne. Aufbau und Entwicklung"	m−a	Vieweg
Unsöld, A.	„Der neue Kosmos"	m−a	Springer
Voigt, H. H.	„Abriß der Astronomie"	m−a	B I
Voit, F.	„Astronomie, Grundlagen und Praxis für die Schule"	e	Aulis Verlag
Weigert/Wendkes	„Astronomie und Astrophysik"	m	Physik-Verlag
Zimmermann, O.	„Astronomisches Praktikum I und II"	m	Sterne und Weltraum Taschenbuch

Nachschlagewerke

Herrmann, J.	„Großes Lexikon der Astronomie"	e–m	Mosaik
Herrmann, J.	„dtv-Atlas zur Astronomie"	e	dtv
Lindner, K.	„Kleines Lexikon Astronomie"	e	Harri Deutsch
Weigert/Zimmermann	„ABC Astronomie"	e–m	Dausien, Hanau

Tabellenwerke

Allen, C. W.	„Astrophysical Quantities"	University London
Herrmann, J.	„Tabellenbuch für Sternfreunde"	Kosmos
Landolt-Börnstein	„Astronomie, Astrophysik und Weltraumforschung", Band 1 (1965), Bände 2a, b, c (1981/82)	Springer

Sternkalender

Ahnert, P.	„Kalender für Sternfreunde"	Barth, Leipzig
Keller, H. U.	„Das Himmelsjahr"	Kosmos
Koch/Gielingh/Meeus	„Sternführer"	Treugesell
Naef, R.	„Der Sternenhimmel"	Sauerländer, Aarau

Zeitschriften

„Astronomy"	Astro Media Corp. Milwaukee
„Die Sterne"	J. A. Barth, Leipzig
„Sterne und Weltraum"	Verlag Sterne und Weltraum, Dr. H. Vehrenberg, Düsseldorf
„Sky and Telescope"	Sky Publishing Corporation Cambridge, Mass.

Sachwortverzeichnis*

Absolute Helligkeit **71** ff., 74, 75, 78
– – der Sonne 72, 80
– – der Sterne 80
Absolute Temperatur 64, 65
Absorption, wahre 87, 97
Absorptionslinie 87
Absorptionslinien des interstellaren Gases 107
– im Sonnenspektrum 90
Abstandsänderung des Mondes 28, 62
Albedo 43, 81, 82, **130**
angeregter Zustand 94
angeregter Zustand, Lebensdauer 100
Apastron 130
Aphel 7, 23, 59, **130**
Aphel-Geschwindigkeit 60
Apogäum 7, 130
Apsiden 7, 130
Apsidenlinie 23, 130
–, Drehung der 7, 23
Äquatorgeschwindigkeit bei Sternen 110
Äquivalentbreite 88, 90
Arbeit 47, 48
Assoziationen 117, 134
Astrograph 92
Astronomische Einheit, AE **15** f., 130
Atmosphären von Planeten und Monden 82 ff.
Atomkerne, Aufbau der 113
–, Radius von 114

Bahn des Mars 10
– des Merkur 13
– der Venus 13
Bahndrehimpuls 49
Bahndrehimpuls der Erde 61
– des Jupiter 55
– des Mondes 60, 62
Bahnformen 52
Bahngeschwindigkeit der Erde 52
Balmerserie 87, 93, 94
Balmersprung 77
Bethe-Weizsäcker-Zyklus 117 f.
Bewegungssternhaufen 134
Bezeichnung von Sternen 134
Bildung der Elemente 122
Bindungsenergie 113 f.
Bindungsenergie pro Nukleon 113, 114

Bohrsche Frequenzbedingung 87, 88
Boltzmann Konstante 64
Bonner Durchmusterung 134
Breite von Spektrallinien 87, 88, 109

Calciumlinie, ruhende 107
Cassinische Teilung 32, 37
Chandrasekhar-Grenze 124, 125
Chromosphäre 131
CNO-Zyklus 117 f.
Compton-Effekt 123
Corioliskraft 31
Coronium 132
Coulombkraft 114, 121
Coulombsches Potential 114

Dauer der Sternentstehung 117
Dichte 43 ff.
Dichte der Monde 43
– der Planeten 44
– der Riesensterne 44
– der Saturnmonde 36
– der weißen Zwerge 44
Dichteverteilung in der Milchstraße 46
– in der Sonne 45
Differenzkräfte 27
Dissoziation von Wasserstoff 117
Doppelsterne, Masse der 39
Doppelsterne, spektroskopische 105
Doppelwelle in den Radialgeschwindigkeiten 104 f.
Dopplereffekt, -verschiebung 32, **88 ff.**, **103 ff.**, 109, 127
Dopplerverbreiterung von Spektrallinien 109, 110
Drehimpuls 49
Drehimpuls der Sonne 55
Drehimpulserhaltung 55, 56, 58 ff.
Drehimpulsübertragung 57
Drehimpuls und 2. Keplergesetz 58 f.
Drehimpuls im Planetensystem 55 ff.
Drehimpuls und das System Erde-Mond 60 ff.
Drehmoment 49
Drehung der Apsidenlinie 7
3-α-Prozeß 121, 124
Dreierstoß 121

---

* Siehe auch Verzeichnis der Himmelsobjekte

Drittes Kepler-Gesetz **14, 16 17**, 39, 56, 58,
    63, 111
Druckschwankungen durch Gezeiten 31
Druckverbreiterung von Spetrallinien 109
Dunkelwolken 97
Durchmesser von Monden 43, 137
    − von Planeten 44, 136
    − von Riesensternen 44
    − von weißen Zwergen 44
    −, polarer 43
    −, äquatorialer 43

effektive Temperatur 74
effektive Temperatur der Sonne 65 f.
    − − der Sterne 67, 73, 77, 79
Eigenbewegung 103
Eigendrehimpuls 49
    − des Mondes 61
    − der Sonne 55
    − der Erde 60, 62
Eigenwärme von Planeten 82
Einspektrensystem 105
21-cm Linie des Wasserstoffs 102, 110 f.
Elektronengas, entartetes 124
Elementarzellen des Phasenraums 124
Elemente der Sonne 90
Elemente, Bildung der 122
Elementhäufigkeit 92 f.
Ellipse 16
Elongation 8, 12
Emission 87
Emissionsnebel 97, 99, 115
Endstadium der Sterne 122 ff., 140
Energie und Masse 125
Energie, innere 52
    −, kinetische 47, 50
    −, potentielle im Gravitationsfeld 47 ff.
    −, thermische 64
Energiegewinn bei Kernreaktionen 118 f.
Energieniveau, Verbreiterung des 87
Energiesatz 59
Energiezustände mit sehr hohen Quantenzahlen
    99
entartetes Elektronengas 124
Entdeckung von Uranus, Neptun, Pluto 23
Entfernungsbestimmung von Erde und Sonne
    15
Entfernungsmodul 71, 78
Entgasung 83
Entropie und Schwarzes Loch 128
Entstehung der Elemente 122
    − des Planetensystems 56 f.
    − von Sternen 115 ff.
Entweichgeschwindigkeit 51, 83, 84
e-Prozeß 122

Equilibrium 122
Erde-Mond-System 60
Ereignishorizont 126
Erhaltung des Drehimpulses 55, 56, 58 ff.
Erste kosmische Geschwindigkeit 24, 50
Expansion des Weltalls 107
Exzentrizität, numerische 13, 16, 52, 59, 85

Fallbeschleunigung 24
Farben-Helligkeits-Diagramm 77 f., 79
Farbindex 72, 73, 77
Farbtemperatur 66, 73
    − der Sonne 66, 67
Feldstärke (Gravitation) 26
Flächensatz 59
Florring 32
Fluchtbewegung 107
Fluchtgeschwindigkeit 51, 108
Flutberge 28, 30
Flutkräfte 28 f.
Fraunhoferlinie 88, 131
Frei-frei-Übergänge 102, 123
Frühlingspunkt 12, 130

Galaktische Koordinaten 104, 130
Galaxis 130
Gammastrahlung, -quanten 118, 123, 129
Gasgleichung 64
Gaskonstante 64, 109
Gastheorie, kinetische 51
Gebundene Rotation 33, 62
Geburt von Sternen 115 f.
Geozentrische Länge 10 ff.
Geschwindigkeit am Aphel, Perihel 60
    − der Sonne 42
    − der Teilchen in der Atmosphäre 83 f.
    −, parabolische 51
    −, thermische 84
Geschwindigkeitsverteilung 92, 120
Gezeiten 24 ff.
Gezeiten der Lufthülle 31
Gezeitenhub 30
Gezeitenkraftwerk 30
Gezeitenkräfte 30, 56
    −, Komponenten der 30
Gezeitenreibung 31, 61 f.
Gleichgewicht, hydrostatisches 117
Gravimeter 30
Gravitationsenergie einer Gaskugel 52 ff., 123
Gravitationsfeld 24 ff.
Gravitationsfeldstärke 24
Gravitationsgesetz 4, 16 ff.
Gravitationsstabilität 55, 115 f.
Gravitationskonstante 4

Gravitationskraft 16
Größenklasse 69
Grundzustand 94

Häufigkeitsverteilung der Elemente 92
Halbachsen der Ellipse 13, 16, 59
Halbwertsbreite 88, 109
Halo um Jupiterring 38
Harvard-Klassifikation 74
Hauptreihe **75 f.**, 80, 117, 121
Hauptreihe, Verweilzeit auf der 119, 121
Heliossonde 60
Heliozentrische Länge 10 ff.
Heliumbrennen (3 Alpha-Prozeß) 121
Helligkeit, absolute 71 ff.
–, photographische 70
–, scheinbare 68 ff., 71, 72
–, visuelle 70
Helmholtz-Kelvinsche-Zeitskala 54
Henry Draper Katalog 134
Herbstpunkt 130
Hertzsprung-Russel-Diagramm 74 ff., 79
Hubble-Konstante 108
hydrostatisches Gleichgewicht 117
Hyperfeinstruktur 102

ideales Gas 64
Identifizierung von Spektrallinien 90
Impuls 47
Infrarothelligkeit 70
innere Energie 52
innere Planeten 8, 9, 12
Instabilitätskriterium von Jeans 116
Intensitätsverteilung der Sonnenstrahlung 65
interstellar 131
interstellare Materie 52, 115, 116
Isophote Wellenlänge 72
Isotope 113

Jahr, anomalistisches 131
–, Gregorianisches 131
–, Julianisches 8, 131
–, siderisches 9, 131
–, tropisches 131
Jeanssches Instabilitätskriterium 116

Kepler-Gesetz 4
Kepler-Gesetz, zweites 58 ff.
Kepler-Gesetz, Das dritte **14, 16 ff.**, 39, 56,
   58, 63, 111
Kernfusion, -verschmelzung 117, 120
Kernphotoeffekt 122
Kernprozesse in Sternen auf der Hauptreihe
   117 ff.
– in Sternen außerhalb der Hauptreihe 120 ff.

kinetische Energie 47, 50
kinetische Gastheorie 51, 64 ff.
Kleinplaneten 137 f.
Kohlenstoffbrennen 121, 123
Kollaps von Protosternen 117
– von Sternen 123
Kometen 52, 138 f.
Kometenbahnen 52
Kometenbezeichnung 131
Konjunktion 8 f.
Konstellation 5, 8
Konstruktion der Marsbahn 10
Kontraktion der Sonne 52 f.
Kontraktions-Hypothese 54
Koordinatensystem, galaktisches 104
Kopf von Kometen 138
Korona 14, 131
kosmische Geschwindigkeit, Erste 24, 50
– –, Zweite 51
Kreisbahngeschwindigkeit 50
Kreppring 32

Laufzeitmessung 15
Lebensdauer von Anregungszuständen 87, 100,
   109
– von schwarzen Löchern 128
Leuchtkraft der Sonne und der Sterne 54,
   65 ff., 72
– der Sterne 68, 71, 72, 75, 79, 80
Leuchtkraftklassen 76
Lichtjahr 132
Linien, Identifizierung von 90
–, solare 90
–, terrestische 90
Linienbreite 87, 88, 109
Linienflügel 95, 97
Linienprofil 88
Linienspektren 87 ff.
lokale Gruppe 107
Lotabweichung 31
Lufthülle und Gezeitenkräfte 31
Lunation 5, 6, 8, 132
Lymanserie 87

Magnitudines 69
Mariner-Sonden 84
Masse der Erde 18 f., 44, 136
– der Monde 43, 137
– der Planeten 20, 21, 44, 136
– der irdischen Atmosphäre 85
– der Sonne 18
– der Milchstraße 42
– von Sternen 80
– des Neutrons 113
– des Protons 113

– von Photonen 125
– von Riesensternen 44
– von weißen Zwergen 44
Masse und Energie 125
Massenbestimmung 18
Massenbestimmung von Sternen 39 ff., 80 f.
Massenpunkt 49
Masse-Leuchtkraft-Beziehung 80 f.
Massendefekt 113, 119
Massensumme 39
Massenverlust der Sonne 119
Maxwellsche Geschwindigkeitsverteilung 92,
  120
metastabile Zustände 88, 100, 110
Meteore, Meteorite 52
mittlerer synodischer Monat 8
Moleküle an der Sonnenoberfläche 90
– im interstellaren Raum 102
Monat, siderischer 5 ff., 132
–, synodischer 5 ff., 132
–, tropischer 5 ff., 132
Monochromatische Sonnenbilder 95 ff.

Natrium-D-Linie 88, 92, 107
Nebulium 100
Neonbrennen 122
Neutrinos 118, 119, 123
Neutron, Masse des 113
Neutronensterne 24, 25, 60, **125 ff.**, **132**, 135
Newtonsches Grundgesetz 49
Nippflut 30
No-Hair-Theorem 129 f.
Novae 132
Nukleonen 113
numerische Exzentrizität 13, 16, 52, 59, 85

Opposition 8 f.

Paarvernichtung 118, 123
Parabolische Geschwindigkeit 51
Parallaxe 40
Parallacensekunde 40
Parsec 40, 132
Pauliprinzip 124
Peculiarbewegung 104, 107
Periastron 130, 137
Perigäum 7, 130, 133
Perihel 7, 13, 23, 59, **130**, 133
Periheldrehung 23
Perihelgeschwindigkeit 60
Periode, spektroskopischer Doppelsterne 105
–, siderische 8
–, synodische 8
periodische Störung 23
Phasenraum 124

Photodissoziation des Eisens 122
Photoeffekt 107
photographische Helligkeit 70
Photonenmasse 125
Photosphäre 14, 97, 131
Pioneer-Sonden 32
Plancksches Strahlungsgesetz 64, 66
Plancksches Wirkungsquantum 124
Planetensystem und Drehimpuls 55
Plasmaschwingungen 123
Polarlicht 133
Positronen 118
Potential, Coulombsches 114
Potentialtopf 115
potentielle Energie im Gravitationsfeld 47 ff.
Proton, Masse des 113
–, Radius des 114
Proton-Proton-Kette 117 ff.
Protosonne 56, 58, 133
Protostern 52, 117, 133
Pulsar 125, 135

Quadratur 8
Quantensprünge 99
Quantenzustände 99, 100
quantitative Spektralanalyse 92
Quasare 89, 103, 133
quasistellare Objekte 108, 133

Radar 14, 33
Radialbeschleunigung 4, 5
Radialgeschwindigkeit 89, 107
– und Rotation der Milchstraße 102, 111
Radialkraft (Gravitation) 27
Radiostrahlung 102
Radius von Atomkernen 114
Radius: siehe Durchmesser
Raumgeschwindigkeit 103
rechtläufig 7, 133
Reflexion 33
Reflexionsnebel 97
Reflexionsvermögen 43, 81
Regenbanden 90
Rekombination 99, 102
relativistische Rechnung 108
relativistische Rotverschiebung 126
Relativitätstheorie 89
Restintensität 88, 90
retrograd 14, 133
Riesenast 75, 76
Ringe des Jupiters 38
– des Neptuns 38
– des Saturns 31 ff., 111 f.
– des Uranus 38
Ringe, Theorie zur Entstehung 33 ff., 38

Ringverbreiterung 37
Rochesche Grenze 36, 38
Röntgenstrahlung eines schwarzen Loches 127
Rotation der Milchstraße 104, 107
Rotation, gebundene 33, 62
Rotationsverbreiterung von Spektrallinien
    109 f.
Rotationszeit, siderische 14
 — der Sonne 55
 — der Venus 85
 — von Neutronensternen 125
rote Riesen 131
Rotverschiebung 107 f., 125, 133
Rotverschiebung, relativistische 126
Rowland-Tafeln 90
rückläufig 133
Rückstrahlvermögen 43, 81
ruhende Calciumlinien 107

Salpeter-Prozeß 121
Sarozyklus 8
Satelliten, künstliche 19
Sauerstoffbrennen 110, 122
Schalenbrennen 121
scheinbare Helligkeit 68 ff., 71, 72
schwarzer Körper 64, 65, 81
schwarze Löcher 125 ff.
schwarzes Loch und Entropie 128
Schwarzschildradius 126
Schweif von Kometen 138
siderisches Jahr 9, 131
siderischer Monat 8 f., 131
siderische Umlaufzeit 8 f.
Siliziumbrennen 122
solare Linien 90
Solarkonstante 65, 81
Sonnenflecken 66, 90
Sonnentag 135
Sonnenwind 56, 85, 133
Spektralanalyse, qualitative 74, 89 ff.
 —, quantitative 92 ff.
Spektralklasse und absolute Helligkeit 78
Spektrallinien (siehe auch Linien) 87
Spektraltyp und Temperatur 74, 77
Spektraltyp, -klasse 74, 76
Spektrograph, Spalt — 92, 103, 112
Spektroheliograph 95
Spektroskopische Doppelsterne 105
Spektrum der Sonne 88, 90 f.
 — der Sterne 74, 92 ff.
 — des Saturn 112
Spin von Kern und Elektron 102
Spiralsysteme 130
Springflut 30
Stabilität des Planetensystems 23

Stabilitätsbedingung (für die Existenz eines
    Mondes) 35
Standardentfernung 71
Stefan-Boltzmann-Konstante 64
Stefan-Boltzmannsches Strahlungsgesetz 64,
    65, 66
Sterne, Bezeichnung von Sternen 134
Sternhaufen 77, 78, 117, **134**
Sternspektren 74, 92 ff.
Sterntag 135
Sterne, Zustandsgrößen der 140
Störungen, periodische und säkulare 19, 23
Störungsrechnung 21 ff.
Strahlung, kontinuierliche 102
Strahlung eines schwarzen Loches 128
Strahlungsgesetze 64 ff.
Strahlungsleistung 64, 69
Strahlungsleistung der Sonne 65, 119
 — der Sterne 119
Strahlungstemperatur, theoretische 81, 83
Streuung 33, 87, 97
Strömungsgeschwindigkeit durch Gezeiten 31
Stöße zweiter Art 100
Supernovae 102, 123 f., 134
Synchrotronstrahlung 102
synodischer Monat 5, 8
synodische Umlaufzeit 8 f.
System Erde-Mond 60 ff.
System Erde-Mond, Massenmittelpunkt des
    25

Tag 135
 —, Änderung der Länge 29, 62
Tangentenkonstruktion der Merkurbahn 12
 — der Venusbahn 12
Temperatur der Sonne und der Sterne 65 ff.
 —, absolute 64, 65
 —, effektive — der Sonne 65, 66
 —, effektive — von Sternen 67 f.
 — von Planeten und Monden 81 ff.
 — der Saturnmonde 34
 — von schwarzen Löchern 128
Temperatur und Spektraltyp 74, 77
Temperaturabhängigkeit der Spektren 94
terrestische Linien 90
theoretische Strahlungstemperatur 81, 83
Theorie der Entstehung der Saturnringe 33 ff.
thermische Energie 64
thermische Geschwindigkeit 84
thermodynamisches Gleichgewicht, lokales 93
thermonukleare Reaktionen in Sternen auf der
    Hauptreihe 117 ff.
 — — in Sternen außerhalb der Hauptreihe
    120 ff.
Trägheitskräfte 31

Trägheitsmoment 49
— der Erde 62
— einer homogenen Kugel 49
Translationsenergie 64
Treibhauseffekt 83, 84
trigonometrische Methode 15
tropischer Monat 5, 132
Tunneleffekt 115, 120

UBV-System 72, 77, 78
Umlaufszeit, siderische 8 f.
—, synodische 8 f.
Unbestimmtheitsrelation 87
Unterzwerge 76
Urknall 108

verbotene Linien 100, 102
Verformung der Erde 30
Vertikalkomponente der Gezeitenkräfte 30
Verweilzeit auf der Hauptreihe 119, 121
Violettverschiebung 107
Virialsatz **50** ff., 52, 115, 116,117

visuelle Doppelsterne 41
visuelle Helligkeit 70
Voyagersonden 32, 33, 36, 37, 43, 85, 86
Vulkanismus 85, 86

Wasserstoffbrennen **117** ff., 120, 121, 122, 124
Weber-Fechnersches Gesetz 68
weiße Zwerge 24, 44, 45, 76, 81, **124** f., 132
Weltalter 108
Wiensches Verschiebungsgesetz 65, 66

Zentralkräfte 50, 58
Zentrifugalkraft 4, 16
Zustandsgrößen der Sterne 140
Zustandsdiagramme 79
Zweikörperproblem 19
Zweispektrensysteme 105
zweites Kepler-Gesetz und der Drehimpuls 58 ff.

Verzeichnis der Himmelsobjekte

Alpha Centauri 41, 80
Andromeda-Galaxie 107
Arctur 76, 80

Beteigeuze 45, 76, 80

Callisto 20, 43, 82, 137
Castor 80
Charon 43, 137

Deneb 80

Erde 25, 136
—, Bahngeschwindigkeit 52, 60
—, Gezeiten 30 f.
—, Masse der 18, 19
Eros 15
Europa 20, 43, 82, 86, 137

Galaxis 130
Galileische Monde 19, 43, 82, 86, 137
Ganymed 20, 43, 82, 137

Halleyscher Komet 59, 60, 139
Hydra II 108

Jo 20, 43, 82, 86, 137
Jupiter, Bahndrehimpuls des 55
—, Eigenwärme des 82
—, Masse des 20
—, Ringe des 38

Kleinplaneten 137 f.
Kometen 52, 138 f.
—, Bahnen der 52
—, Bezeichnung der 131
—, Ursprung der 52
Krebsnebel 102, 125, 135
Kugelsternhaufen 134

Maanen, v. 80
Mars, Bahn des 10
—, Masse des 20
Merkur, Bahn des 12, 13
—, Bahngeschwindigkeit des 59, 60
—, Periheldrehung des 24
Meteore, Meteorite 52
Milchstraße, Dichteverteilung der 46
—, Durchmesser der 42
—, Masse der 42

—, Rotation der 104
—, Spiralstruktur der 111
Mizar 70
Mond 84, 137
— und Drehimpuls 60 f.
— und Gezeiten 30 f.
—, Atmosphäre des 85
—, Dichte des 43
—, Durchmesser des 43
—, Helligkeit des 70
—, Masse des 43
—, Temperatur des 82
Monde des Jupiter 19, 20, 38, 43, 82
— des Mars 14, 20
— des Neptun 21, 43, 82
— des Pluto 43
— des Saturn 20, 36, 37, 43, 82, 84, 86
— des Uranus 21
—, Daten über 137

Neptun, Eigenwärme des 82
—, Entdeckung des 23
—, Masse des 21
—, Ringe des 38
Neutronenstern 24, 45, 60, 122, **125 ff.**, 132, 135
Nova 132

Orionnebel 97, 99, 100

Planeten 136
—, äußere, innere 8, 9
—, Atmosphären der 84 f.
—, Bahnen (relativ) 16
—, Daten allgemein 136
—, Dichte der 44
—, Durchmesser der 44
—, Masse der 44
—, Temperaturen der 82 f.
Planetoid 15, 137 f.
Plejaden 97, 134
Pluto 55
—, Entdeckung des 23
Polarstern 69, 76, 80
Pollux 80
Praesepe 77
Procyon A, B 80
Proxima-Centauri 40, 80
Pulsar 125, 135

Quasare 89, 108, 133
quasistellare Objekte 108, 133

Regulus 80
Riesensterne 81
–, Daten von 44
–, Dichte von 44
–, Durchmesser von 44
–, Masse von 44
Rigel 80
Rote Riesen 121

Saturn, Eigenwärme des 82
–, Masse des 20
–, Ringe des 31 ff., 111
–, Spektrum des 111, 112
Schwarze Löcher 125 ff.
Sirius 41, 70, 72, 76, 80
Sonne 27, 30, 42, 95, 135
–, Dichte, Temperatur im Zentrum 118
–, Eigendrehimpuls der 55
–, Helligkeit der 80
–, Kontraktion der 52 f.
–, Masse der 18
–, Rotationszeit der 55
–, Spektraltyp der 74, 76
–, Spektrum der 90 ff.

Spica 70, 72, 76, 80
Sterne, Dauer der Entstehung der 117
–, Endstadien der 124 ff., 140
–, Geburt der 115 f.
–, Zustandsgrößen der 140
Sternhaufen 134
Supernova 102, 123 f., 134

Titan 20, 82, 84, 86, 137
Trifid-Nebel 101
Triton 21, 82, 137

Unterzwerge 76
Uranus, Eigenwärme des 82
–, Entdeckung des 23
–, Masse des 21
–, Ringe des 38
Venus, Bahn der 13
–, Helligkeit der 70

Wega 70, 80
Weiße Zwerge 24, 45, 76, 81, 124 f., 132
– –, Daten von 44
– –, Dichte von 44
– –, Durchmesser von 44
– –, Masse von 44

Namenverzeichnis

Adams 23

Boltzmann 94
Bowen 100
Bunsen 74
Burbidge 122

Cameron 139
Cannon 74
Cassini 33
Chandrasekhar 45
Chapman 31
Clausius 51

Deslandres 95

Fowler 122
Fraunhofer 74, 90, 107

Galilei 31
Galle 23, 32

Hale 95
Hartmann 105
Hawking 128
Herschel 23

Hertzsprung 74
Hipparch 8
Hoyle 56, 122
Hubble 107
Huggins 74
Huygens 5, 32
Höglund 100

Johnson 72

Keeler 33
Kepler 4, 10, 16
Kirchhoff 74
Kopernikus 10

Landau 125
Laplace 31, 127
Leverrier 23
Lindblad 104
Lowell 23

Maxwell 32
Mezger 100
Morgan 72

Newton 4, 5

Oort 52, 104, 139

Picard 5
Pickering 23, 74
Pogson 69

Russel 74

Sandage 108
Schwarzschild, K. 126
Schwarzschild, M. 45
Secchi 74

Tamman 108
Tombaugh 23
Tycho Brahe 10, 16

Van de Hulst 102
Vandenberg 108
Vogel 74
Volkoff 125

Whipple 138

Zwicky 125

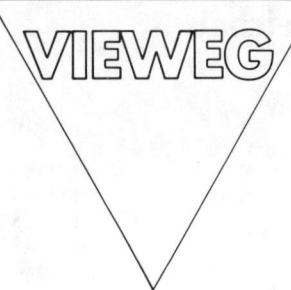

Hans Schäfer

Elektromagnetische Strahlung

Informationen aus dem Weltall.
1985. VIII, 185 S. mit 116 Abb. 16,2 x 22,9 cm.
Kart.

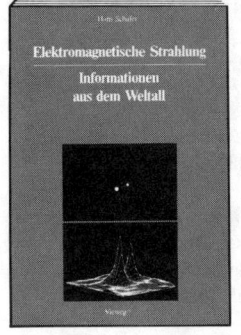

Inhalt: Informationen aus dem Weltall –
Neue und zukünftige Geräte – Wichtiges
und Interessantes aus der Positionsastronomie – Die Helligkeit der Sterne und anderer astronomischer Objekte – Spektro-
skopie und Spektralanalyse – Beobach-
tungen außerhalb des optischen Bereiches – Literaturverzeichnis – Namen- und Sachwortverzeichnis.
In diesem Buch werden eine Fülle moderner astronomischer
Beobachtungsmethoden und -techniken vorgestellt, wobei
stets auch die physikalischen Hintergründe und die jeweils aus
den Experimenten gewonnenen Erkenntnisse behandelt werden. Einen Schwerpunkt bildet die Untersuchung der uns von
den Sternen, den Gaswolken und anderen astronomischen
Objekten erreichenden Strahlung, wobei von besonderer
Bedeutung die spektroskopischen Methoden – sowohl im sichtbaren als auch im unsichtbaren Bereich des Spektrums – und
die Beobachtung der Objekte mit Hilfe von Teleskopen sind.
Weiterhin werden wichtige laufende und geplante Großprojekte,
die teilweise im Weltraum durchgeführt werden, vorgestellt.